光电信息专业实验教程

滕树云　刘春香　编著

科学出版社

北京

内 容 简 介

　　《光电信息专业实验教程》是基于光电信息科学技术的发展和电子信息领域对高素质应用型人才的需求，依托光电信息科学与工程专业建设需要编写的实验课程教材。本书由两大部分组成：第一部分为光电信息技术原理，包括激光原理、光通信原理和光电转换原理，共有10个专业实验项目；第二部分为光电信息技术应用，包括光信息处理技术应用、光电探测技术应用和激光加工与工程实训等内容，共有13个专业实验项目。实验项目内容兼顾阶梯性和专业化，涵盖了基础性实验、应用性实验和综合创新性实验。

　　本书可作为高等院校光电信息科学与工程及相关专业本科生的实验教材，也可作为电子信息类各专业的本科生、研究生和光电技术领域工程人员的参考用书。

图书在版编目（CIP）数据

光电信息专业实验教程/滕树云，刘春香编著. —北京：科学出版社，2022.10

　ISBN 978-7-03-073286-6

　Ⅰ. ①光⋯　Ⅱ. ①滕⋯ ②刘⋯　Ⅲ. ①光电子技术–信息技术–实验–高等学校–教材　Ⅳ. ①TN2-33

中国版本图书馆 CIP 数据核字（2022）第 180824 号

责任编辑：龙嫚嫚　赵　颖 / 责任校对：杨聪敏
责任印制：张　伟 / 封面设计：无极书装

科 学 出 版 社　出版
北京东黄城根北街 16 号
邮政编码：100717
http://www.sciencep.com

北京中石油彩色印刷有限责任公司 印刷
科学出版社发行　各地新华书店经销
*
2022 年 10 月第 一 版　开本：720×1000　1/16
2022 年 10 月第一次印刷　印张：11
字数：222 000

定价：45.00 元
（如有印装质量问题，我社负责调换）

前　言

光电信息科学新技术和光电产业的蓬勃发展对培养光电信息科学与工程及相关专业的综合素质人才提出了要求。专业实践培养环节不仅能夯实学生的基础知识，而且能强化学生的工程实践和光电器件设计研发的能力，为培养综合素质人才起到关键作用。"光电信息专业实验"是为光电信息科学与工程及相关专业高年级本科生开设的一门知识性、综合性和技术性较强的核心课程，是提高学生动手实践能力和培养工科思维模式与创新能力的重要手段。该课程的教学内容不仅是光电信息科学与工程专业建设的需要，也是高水平应用型专业建设初期规划的教材建设内容，对于培养学生娴熟的实验技能和提升学生从事光电材料、光电器件和光电子系统的设计与制造等创新的综合能力具有重要的意义。

作为工科专业，光电信息科学与工程专业中的实践环节必不可少。光电信息专业实验课程正是光电信息科学与工程专业重要的实践环节，该实验课程一般安排在大学三年级进行。在培养和提升学生能力的关键阶段，实验课程的教学质量直接影响到学生的动手实践、工科思维模式和创新能力的培养。教材是教师教学和学生学习的重要工具，教材建设既服务于教学的需求又承载着育人的作用。因此建设并正式出版教材不仅有利于教学环节的开展，也是培养高质量学生和建设高水平专业的需要。

多年来，山东师范大学为山东省光电信息科学与工程专业建设做出了重要贡献。以山东省光学与光子器件技术重点实验室为依托，山东师范大学多次组织召开山东省光电信息专业教学研讨会，探讨光电信息科学与工程专业的发展和实验建设模式，通过与山东省内各高校和知名光电企业联合论证，形成了光电信息专业实验室的建设思路。课程内容从最初的基础性实验项目发展到目前已形成了基础性、应用性和综合创新性项目等多种类型。专业化、系统化和高阶性的实验项目的设立为综合素质人才的培养提供了有利条件。目前，山东师范大学设立的系统化专业实验项目被山东省内各高校和国内多所院校效仿。

在光电信息专业实验教学实践过程中，教学团队成员积极开展教学改革研究，联合山东省各高校和光电知名企业建立了光电信息专业实验课程体系，制定了课程考核评价标准，改革实践取得了显著成效。光电信息类专业教学改革实践和专业课程建设分别于 2009 年和 2012 年获得山东省教改项目资助，2016 年光电信息类实验教学体系与示范性实验室建设作为重点教改项目获得山东师范大学资助，同时光电信息科学与工程专业教学改革的探索与实践分别于 2014 年和 2018 年获得山东省教学成果二等奖。这些研究成果对于光电信息专业实验教材的编写和出版工作奠定了坚实的基础。

教材的编写不是一蹴而就的。教材建设团队在编写过程中花费了大量的精力，付出了辛勤的劳动。光电信息科学与工程专业的实验教师和实验技术人员在实验教学初期编写了实验讲义。随着专业培养方案的调整和实验内容的更新，教学团队成员总结实验教学与改革实践经验、结合自己的科学研究并融合最新学科发展新成果和新技术，不断完善和修订实验讲义。在光电信息专业实验讲义的基础上，教材建设团队编写了本书。

本书内容涉及激光原理、光通信原理和光电器件与能量系统的应用等光电信息技术原理以及光电信息处理技术、激光加工技术和光电探测技术等光电信息理论的技术应用，共 23 个实验项目，这些实验项目是经过十几年的摸索和实践设立的。实践效果表明实验项目的设置是合理的，它符合高年级光电信息科学与工程专业学生的知识体系和能力培养的要求。实验项目采用模块化设定，内容设置分为基础性实验、应用性实验和综合创新性实验三大类型，起到巩固专业知识，提升实践能力和锻炼科学思维的作用。为了方便学生学习和教师使用，本书编写力求简明扼要、图文并茂、清晰易懂。每个章节中包含了实验知识基础、实验原理、仪器使用和实验方法，简化具体的实验操作以培养学生的实验设计和创新工作能力。

参与本书编写的人员有滕树云、刘春香、范秀伟、岳庆炀、霍燕燕、赵慧敏、李杏和任莹莹。全书由滕树云统稿、定稿和审校。在教材编写过程中，程传福教授、国承山教授、刘杰教授、孙平教授、赵曰锋教授给予了大力支持，作者在此一并表示感谢。

由于编者水平有限，书中难免出现疏漏和不妥之处，望广大读者批评指正。

编　者

2021 年 1 月于济南

目　　录

第1章　激　光　原　理

1.1　气体激光器与激光模式分析

1.1.1　气体激光器

　　激光器利用受激辐射原理使光在某些受激发的物质中放大或振荡发射，激光器产生的激光在时间、空间上相位同步，因而相对于非相干光源，激光单色性好，亮度高。可以说，高功率激光的出现是光学、光谱学、电子学发展到一定阶段的产物，对科学技术各个领域产生了巨大和深远的影响。激光的出现导致了激光物理学、非线性光学、半导体光电子学、导波光学和相干光学等一系列新学科的涌现。激光的实际应用已涵盖长距离通信、光学雷达、光学加工、医疗、测量等诸多领域。

　　激光的理论基础是爱因斯坦发表的《关于辐射的量子理论》。该论文揭示了光与物质相互作用的本质，提出光的受激辐射光放大的概念，指明了获得激光的途径。通常情况下，粒子在各能态上的分布满足玻尔兹曼分布规律，即能态上的粒子数随着能量的升高按照指数规律衰减。泵浦源给激光工作物质提供能量，使处于基态的粒子获得能量被抽运到较高能量的激发态上，进而实现粒子数反转分布，方可产生受激辐射跃迁。泵浦源的泵浦方式主要有用强光或激光束直接照射工作物质的光激励方式、用气体放电中的快速电子直接轰击或共振能量转移的气体辉光放电或高频放电方式、直接电子注入实现粒子数反转的直接电子注入方式和通过化学反应释放能量的化学反应方式。

　　在工作物质中，高低能级间的受激辐射跃迁产生的光可沿着任意方向传输，这势必影响激光的频率、功率、发散角及相干性。因此为了减少振荡模式数，需要将工作物质放入谐振腔中。常见的谐振腔由一对反射镜构成，腔长和反射镜的曲率决定了谐振频率和激光输出的稳定性。一个完整的激光器由光学谐振腔、工作物质以及激励系统或泵浦源构成。根据激光物质的不同，激光器可分为固体激光器、液体激光器和气体激光器。固体激光器是以固体为工作物质，半导体激光器是以半导体为工作物质，而液体激光器则是以液体为工作物质。

　　气体激光器是利用气体作为工作物质产生激光的器件。它由放电管内的激活气体、一对反射镜构成的谐振腔和激励源组成。在适当放电条件下，利用电子碰撞激发或者能量转移激发，气体粒子有选择性地被激发到某高能级上，从而形成与某低能级间的粒子数反转，产生受激发射跃迁。气体激光器的工作物质包括气体原子、分子、准分子和离子在内的气体或蒸气等。第一台气体激光器是以氦氖混合气体为工作物质，它获得了 1.15μm 红外光连续振荡输出。

光辐射可以是电子能级之间、振动能级之间和转动能级之间的电子跃迁产生，所以气体激光器有原子激光器、离子激光器和分子气体激光器等多种类型。常用的气体激光器有氦氖激光器、氩离子激光器、二氧化碳激光器、氮分子激光器、准分子激光器和金属蒸气激光器等。氦氖(He-Ne)激光器是典型的原子激光器，也是目前应用最广泛的激光器。He-Ne 激光器的激光谱线由原子能级之间的跃迁产生。二氧化碳(CO$_2$)激光器是典型的分子激光器，其主要特点是输出功率大。这类激光器的连续输出功率已超过几十万瓦，能量转换效率高达 39%，并且输出波长 10.6μm 正好处于大气窗口，大气吸收较小，这对于激光在大气通信中的应用极为有利。CO$_2$ 激光器的激光谱线由分子转动能级之间的跃迁产生。氩离子激光器是典型的离子激光器，可输出波长为 488nm 和 514.5nm 的蓝绿可见光，此类激光器非常适合信息的存储和探测。

1.1.2 He-Ne 激光器的装配与调试实验

1. 实验目的

(1) 了解气体激光器的工作原理。
(2) 掌握激光谐振腔的调节方法。
(3) 能灵活调试和装配 He-Ne 激光器。

2. 实验原理

密封在玻璃管里的氦气和氖气组成 He-Ne 激光器的工作物质，输出镜与全反镜组成光学谐振腔。毛细管内按一定气压充以适当比例的氦和氖混合气体形成 He-Ne 激光器的增益介质。在电流激励下，快速电子把自身的动能转化为 Ne 原子的激发能。纯 Ne 原子通过电子激励，可产生粒子束反转，但增益非常小，输出功率仅为微瓦量级。当放电管内加入 He 原子时，混合气体在电流激励下可大大提高 Ne 原子的粒子束反转程度，输出功率明显增大。图 1.1.1 给出了 He 原子和 Ne 原子的部分能级图，左边为 He 原子的能级图，右边为 Ne 原子的能级图。

由图 1.1.1 不难发现，Ne 原子的 3s 能级与 He 原子的亚稳态 2^1S_0 能级非常接近，它们都可以通过电子激发方式由基态激发获得，并且两者的能量可以共振转移，因此亚稳态的 He 原子起到了转移电子能量的媒介作用，而 Ne 原子则是获得粒子数反转的主要激发机制。Ne 原子在可见和红外区域内产生许多条激光谱线，最重要的是 632.8nm、1.15μm 和 3.39μm 三条原子光谱。当然不同的谱线之间存

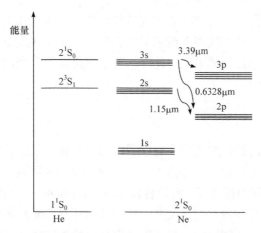

图 1.1.1　He 原子和 Ne 原子的部分能级图

在强烈的竞争关系，为了获取其中一个波长的增益而抑制其他波长，常在腔内放置棱镜，利用棱镜色散使其他谱线失谐，或者沿放电管方向加上不均匀的磁场也可使其他谱线增宽而降低增益。

　　介质增益与毛细管长度、内径粗细、两种气体的比例、总气压以及放电电流等因素有关。谐振腔的腔长要满足频率的驻波条件，谐振腔镜的曲率半径要满足腔的稳定条件。只有谐振腔的损耗小于介质的增益时才能建立激光振荡。内腔式 He-Ne 激光器的腔镜封装在激光管两端，而外腔式 He-Ne 激光器的激光管、输出镜及全反镜是安装在调节支架上的。调节支架能调节输出镜与全反镜之间的平行度，激光器工作时输出镜与全反镜相互平行且与放电管垂直。图 1.1.2 给出了外腔

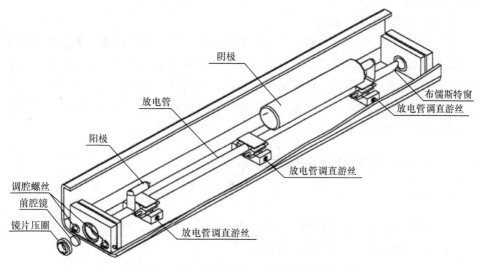

图 1.1.2　外腔式 He-Ne 激光器的结构示意图

式 He-Ne 激光器的结构示意图。在激光管的阴极、阳极上加上直流电源，放电管中的氦和氖混合气体便可实现受激辐射。为防止激光管在放电时出现闪烁现象，常在阴极和阳极上串接镇流电阻。此外，为了获得线偏振光输出，常在放电管的两端放置布儒斯特窗。

3. 实验仪器

He-Ne 激光器的调试实验中实验仪器包括充有氦和氖混合气体的放电管、激光直流电源、布儒斯特窗、两腔镜、镜片压圈、激光管可调节支架、功率计、螺丝刀、十字叉丝板和偏振片等。实验装置如图 1.1.2 所示，实验时首先松开调节支架的螺丝，将放电管放置在调节架上，用螺丝固定并调整放电管使其水平。然后放入两腔镜，用镜片压圈固定。打开电源出光后放置布儒斯特窗。

4. 实验内容

1) He-Ne 激光器的装配

可用十字叉丝法将 He-Ne 激光器的输出镜与全反镜调至平行。首先将充有氦和氖混合气体的放电管放在可调节支架上，固定放电管调直游丝，将激光管的阴极和阳极与激光电源相连。将带有小孔的十字叉丝板放置在激光器的后端，打开 He-Ne 激光器电源，使放电管处在工作状态。放置前腔镜和后腔镜，调节放电管调直游丝，用眼睛在十字叉丝板背后通过小孔观察放电管，可看到放电管内的亮白点，调节十字叉丝板高度和左右位置，使亮白点与出光孔同心，固定十字叉丝板。

2) He-Ne 激光器的调试

用白炽灯照射十字叉丝板，在十字叉丝板背后通过小孔观察放电管和十字叉丝板的反射像，调节谐振腔镜螺丝的调节旋钮，使十字叉丝中心与亮白点以及出光孔同心即可出光。用功率计测量激光输出，同时调节激光器后端的全反镜调节旋钮，使激光输出最大。在放电管的两端放置布儒斯特窗，借助偏振片，观察并记录输出的激光偏振态。激光调试完毕后，盖好防尘外壳。

1.1.3　He-Ne 激光器的激光输出模式分析实验

1. 实验目的

(1) 理解 He-Ne 激光器的激光输出模式。
(2) 掌握激光模式分析和测量方法。
(3) 灵活运用法布里-珀罗(F-P)扫描干涉仪测量激光参数。

2. 实验原理

激光器的增益介质在某种激励方式下可在高低能级间形成粒子数反转分布，进而产生激光辐射光谱。然而由于能级有一定宽度以及自发辐射和受激辐射的作用，粒子在谐振腔内的运动还受多种因素的影响，实际激光器输出的光谱宽度是由自然增宽、碰撞增宽和多普勒增宽叠加而成，因此输出光不是单一频率的。不同类型的激光器因工作条件不同，上述影响有主次之分，例如低气压、小功率的 He-Ne 激光器输出的 632.8nm 谱线则以多普勒增宽为主，增宽线型基本呈高斯函数分布，宽度约为 1500MHz。只有频率落在展宽范围内的光在介质中传播时，光强将获得不同程度的放大，但只有单程放大还不足以产生激光。此时需要谐振腔对它进行光学反馈，使一定频率的光波在谐振腔中多次往返传播才能形成稳定持续的振荡。因此只有频率满足谐振条件的激光方可从激光器中出射。

激光谐振腔理论证明方形孔径稳定球面腔输出模式的谐振频率为

$$\nu_{mnq} = \frac{c}{2\eta L}\left[q + \frac{1}{\pi}(m+n+1)\arccos\sqrt{g_1 g_2} \right] \tag{1.1.1}$$

而圆形孔径的稳定球面腔输出模式的谐振频率为

$$\nu_{mnq} = \frac{c}{2\eta L}\left[q + \frac{1}{\pi}(m+2n+1)\arccos\sqrt{g_1 g_2} \right] \tag{1.1.2}$$

以上两式中 $g_1 = 1 - L/R_1$，$g_2 = 1 - L/R_2$，R_1 和 R_2 为谐振腔的两个反射镜的曲率半径，L 是谐振腔腔长，c 是真空中的光速，η 是增益介质折射率，m、n 和 q 均为正整数。对于气体激光器来讲，增益介质折射率 η 近似为 1。每一个 q 对应一种纵模，因此 q 称作纵模序数。由以上两式不难看出，相邻两个纵模的频率间隔为

$$\Delta\nu_{\Delta q=1} = \frac{c}{2\eta L} \tag{1.1.3}$$

显然相邻纵模频率间隔和激光器的腔长成反比。谐振腔越长，纵模的频率间隔越小，满足振荡条件的纵模个数也越多。相反地，谐振腔越短，纵模的频率间隔越大，在同样的增宽曲线范围内，纵模个数就越少，因而短腔长的激光器可获得单纵模输出。

由公式(1.1.1)和(1.1.2)还可以看出，激光器的输出频率还与两整数 m 和 n 有关，这两个整数对应激光的横模。光每经过放电毛细管反馈一次就相当于一次衍射，多次反复衍射就在横向同一波腹处形成一个或多个稳定的干涉光斑。每一个衍射光斑对应一种稳定的横向电磁场分布。激光器输出的横向电磁场可标记为 TEM$_{mn}$。激光器产生的横模个数与增益、放电毛细管的粗细以及腔内损耗等有关。一般说来，放电管直径越大出现的横模个数就越多。横模序数越高，衍射损耗越大。当然横模序数越大，谐振频率越高。

结合纵模序数不难确定方形孔径稳定球面腔内不同的横模间的频率差满足

$$\Delta v_{\Delta m+\Delta n=1} = \frac{1}{\pi}\Delta v_{\Delta q=1}\arccos\left[\left(1-\frac{L}{R_1}\right)\left(1-\frac{L}{R_2}\right)^{1/2}\right] \tag{1.1.4}$$

从上式可以看出，相邻的横模频率间隔与纵模频率间隔的比值是一个分数，分数的大小由激光器的腔长和曲率半径决定。腔长与曲率半径的比值越大，分数值越大。当腔长等于曲率半径时，即 $L=R_1=R_2$，分数值达到极大，此时谐振腔为共焦腔。图 1.1.3 给出了方形镜共焦腔和圆形镜共焦腔不同横模的强度图样。

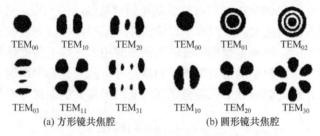

(a) 方形镜共焦腔   (b) 圆形镜共焦腔

图 1.1.3　激光器的横模模式

图 1.1.3(a)是方形镜共焦腔横模的强度图样，m 是沿 x 轴场强为零的节线数，n 是沿 y 轴场强为零的节线数，图 1.1.3(b)是圆形镜共焦腔横模的强度图样，m 是沿辐角 φ 方向的节线数目，n 是沿径向 r 方向的节线数目。

图 1.1.4 给出了输出频率和纵模的频谱图关系。频谱图中可能看到不同的 m 和 n 值以及它们的差值 Δm 和 Δn。对于相同的 $m+n$ 值，其中 m 或 n 可以取不同的值，q 值改变 1 对应的频率相同。图中给出了横模的一个或几个单一态图形的组合叠加图。根据频谱图、横模的个数及彼此强度关系能准确地定位每个横模的 m 和 n 值。

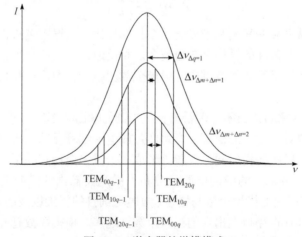

图 1.1.4　激光器的纵模模式

共焦球面扫描干涉仪是一种分辨率很高的分光仪器,它可将激光器的纵模和横模展成频谱图。实际上共焦球面扫描干涉仪是一个无源谐振腔,由两块球形凹面反射镜构成共焦结构。反射镜镀有高反射膜,两块镜中的一块是固定不变的,另一块固定在可随外加电压变化的压电陶瓷上。扫描干涉仪有自由光谱范围和精细常数两个重要的性能参数。激光光束在共焦腔中经四次反射后出射,外加电压使腔长变化到某一长度时正好使相邻两次透射光束的光程差为入射光波长的整数倍,该激光模式将产生相干极大透射。

用一定幅度的电压改变腔长就可以使激光器全部不同波长模式依次产生相干极大透过。当然如果入射光波长范围超过某一值时,一定的腔长可能使几个不同波长的模同时产生相干极大而造成重序。自由光谱范围就是扫描干涉仪所能扫出的不重序的最大波长差或频率差,用 $\Delta\lambda_{SR}$ 或者 $\Delta\nu_{SR}$ 表示。可以推出,最大波长差 $\Delta\lambda_{SR}$ 为 $\lambda^2 / 4L$,最大频率差 $\Delta\nu_{SR}$ 为 $c / 4L$ 。测量时为了不出现重序现象,需要知道扫描干涉仪的自由光谱范围和待分析的激光器频率范围,且扫描干涉仪的自由光谱范围大于待分析的激光器频率范围。

精细常数为扫描干涉仪的自由光谱范围与最小分辨率极限宽度之比,可表示为 $\Delta\nu_{SR} / \Delta\nu$ 或者 $\Delta\lambda_{SR} / \Delta\lambda$ 。它是用来表征扫描干涉仪在自由光谱范围内能分辨的最多谱线数目。精细常数与镜片的反射率、共焦腔的调整精度、镜片加工精度、干涉仪的入射和出射光孔的大小及使用时的准直精度等因素有关。

3. 实验仪器与实验装置

激光模式分析的实验仪器包括 He-Ne 激光器、小孔光阑、透镜、扫描干涉仪、信号发生器、探测器、示波器等。实验装置图如图 1.1.5 所示。将信号发生器与扫描干涉仪内的压电陶瓷环相连,在外界周期电压作用下,扫描干涉仪的腔长周期性变化从而使干涉仪的本征频率做周期性变化,对通过的激光做周期性频率扫描。在扫描周期范围内的激光模式通过光电探测器接收后在示波器上显示出来。

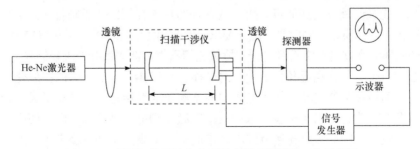

图 1.1.5　利用扫描干涉仪实现激光模式测量的工作原理图

4. 实验内容

点燃激光器，加入光阑使激光束从光阑小孔中心垂直通过，调整扫描干涉仪共焦腔高度和位置，使光束从扫描干涉仪入射孔中心进入。细调共焦腔夹持架上的两个俯仰旋钮使干涉仪入射孔内腔镜反射出的光点最亮，且亮光斑能回到光阑小孔的中心。打开控制器电源，调整共焦腔的位置和二维俯仰使干涉仪出射的两个光点重合。将光电探测器的接收孔对准从共焦腔后出射的光点，打开示波器，设置扫描干涉仪的控制器振幅、偏置和频率旋钮，观察示波器上展现的频谱图和干涉序的数目变化，确定示波器上展示的干涉序个数。确定它所对应的频率间隔计算自由光谱范围，分析计算与理论值的相对误差大小。根据横模的频谱特征测出不同的横模频率间隔，计算横模序数的值，测量扫描干涉序的精细常数。

思考题

(1) 如何理解 He 原子在 Ne 原子发生光谱辐射中的作用？
(2) 如何调节 He-Ne 激光器的放电管的准直？
(3) 说明用十字叉丝法调整无功率输出 He-Ne 激光器的目的。
(4) 分析谐振腔腔长对激光器输出的纵模的影响。
(5) 如何理解激光器的横模与纵模的依赖关系？

1.2 半导体泵浦固体激光器的工作原理

1.2.1 固体激光器

固体激光器和气体激光器相比具有更大的能量、更高的功率和较小的体积，因此固体激光器应用非常广泛。最为理想的固体激光器工作物质要求上能级的亚稳态应有较长的寿命，荧光谱线线宽要窄，荧光量子效率要高。此外，工作物质可以是三能级但最好是四能级系统，且有好的热导性能以便于制备和光学加工。然而现实中的介质很难同时具备上述要求，因此固体激光器的种类相对较少，比较成熟的固体激光器有红宝石激光器、掺钕钇铝石榴石激光器和钕玻璃激光器三种。

红宝石是一种在高温条件下生产的晶体，由于掺入了氧化铬的三氧化二铝呈现淡红色而被称为红宝石。掺入晶体中的铬离子为激活离子，铬离子吸收紫光从基态激发到高能态，铬离子吸收绿光从基态激发到另一高能态。由于两高能态的能级宽度较大，因此吸收光谱范围广。铬离子两个高能态是不稳定的，由于晶格振动很快向亚稳态的低能级跃迁，部分能量转移给晶格。低能态的两个离子向基态跃迁而发光，形成两条荧光谱线。红宝石呈现宽的吸收带和较少的荧光谱线，荧光谱线的上能级有较长的寿命和较高的荧光量子效率的特点，因此红宝石晶体是比较理想的激光工作物质。红宝石激光器则是典型的三能级系统，需要较大的泵浦能量，且只能在脉冲泵浦下工作。

掺钕钇铝石榴石(Nd:YAG)中的激活离子是钕离子，钕离子吸收不同频率的光子后从基态可激发到多个高能级上，这些能级均有一定的宽度。长寿命的亚稳态高能级上的离子在向较低激发态跃迁时发射出荧光谱线，其中波长为 1.064μm 的谱线强度最大。掺钕钇铝石榴石激光器是典型的四能级系统，掺钕钇铝石榴石激光器有非常高的荧光量子效率且晶体热导性能好，室温下可连续运转。钕离子也可掺入玻璃基质中，钕玻璃就是在玻璃基质中掺入少量的氧化钕制成。不同的玻璃基质的荧光量子效率不同，因此激光器的工作特性也不同，其中碱土-硅酸盐基质的玻璃性能较好。钕玻璃的激活离子也是钕离子，因此它的能级结构、吸收光谱和荧光光谱与掺钕钇铝石榴石激光器几乎相同。不同的是钕玻璃的吸收光谱和荧光光谱的宽度更大，钕玻璃的导热性能较差，且只能在脉冲泵浦下工作。

半导体技术的发展使半导体激光器的功率和效率有了极大的提高，这也极大地促进了全固态激光器的发展。半导体激光器是指以半导体晶体为工作物质的一类激光器，工作物质包括 III-V 族化合物半导体、II-VI 族化合物半导体和 IV-VI 族化合物半导体。不同的工作物质，输出的激光光谱不同。半导体激光器的激光光谱范围广，可覆盖从紫光到微米波段，因此可作为固体激光器的泵浦源。相比于闪光灯泵浦的固体激光器而言，半导体激光器泵浦的全固态激光器的体积小且效率高。

由于泵浦源的光束有较大发散角，为充分利用泵浦源的能量，需要对泵浦光束进行光束变换使其聚焦在增益介质上。泵浦耦合方式主要有端面泵浦和侧面泵浦两种。侧面泵浦方式主要应用于大功率激光器，而端面泵浦方式适用于中小功率固体激光器。端面泵浦使激光器具有体积小、结构简单、空间模式匹配好等优点。端面泵浦耦合通常有直接耦合和间接耦合两种方式。

图 1.2.1 给出了两种耦合方式下的四个特例。直接耦合是指泵浦源和增益介质之间无光学系统，半导体激光器的发光面紧贴增益介质，泵浦光束在尚未发散前便被增益介质吸收。直接耦合方式结构紧凑，虽然看起来简单，但在实际应用中较难实现且容易对半导体激光器造成损伤。间接耦合需将半导体激光器输出的光束进行准直和整形后再进行端面泵浦。常见的方法有用球面透镜组合或者柱面透镜组合进行耦合的组合透镜耦合、由自聚焦透镜取代组合透镜进行耦合的自聚焦透镜耦合、用带尾光纤输出的半导体激光器进行泵浦耦合的光纤耦合等。实际实验大多采用光纤柱透镜对半导体激光器进行准直后再采用组合透镜对泵浦光束进行整形变换。

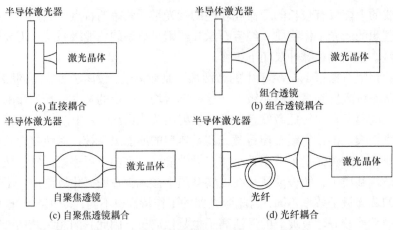

图 1.2.1　半导体激光泵浦固体激光器的常用耦合方式

　　除了泵浦源和激光物质，谐振腔也是决定固体激光输出性能的关键。通常情况下，固体激光器的两个腔镜有不同的选择。一面镀泵浦光增透和输出激光全反膜的激光晶体可直接作为输入镜，输出镜可选相对于输出激光一定透过率的镀膜凹面镜。这种平凹腔容易形成稳定的输出模，且有高的光转换效率。根据谐振腔的稳定性条件，当腔长和两腔镜的反射率满足 $0 < (1 - L/R_1)(1 - L/R_2) < 1$ 时，谐振腔为稳定腔，因此谐振腔的长度需要小于凹面镜的半径，所以 $L < R_2$ 时谐振腔稳定。此外，在设计时还必须考虑到模式匹配问题。

1.2.2　半导体激光泵浦固体激光器的泵浦耦合实验

　　1. 实验目的

(1) 了解半导体激光器的工作原理。

(2) 掌握半导体激光泵浦 Nd:YAG 晶体连续激光输出的工作原理。

(3) 能精确调节实现泵浦耦合获得固体激光输出。

　　2. 实验原理

　　Nd:YAG 的吸收光谱在 807.5nm 处有一个强吸收峰，选择波长与之匹配的半导体激光器作为泵浦源，便可获得高的泵浦效率和输出功率。半导体激光器的输出波长依赖于半导体材料，不同材料输出波长也不同。表 1.2.1 给出了不同半导体激光材料与其响应波长。人们发现，GaAs 结型半导体激光器的输出波长与 Nd:YAG 激光器的吸收波长相近，因此 GaAs 结型半导体激光器发出的激光可作为固体激光器的泵浦源。

表 1.2.1 不同半导体激光材料及其响应波长

材料	ZnS	ZnO	CdS	GaSe	CdSe	CdTe	GaAs	InP	GaSb	InAs	Te	PbS	InSb	PbTe	PbSe
波长/μm	0.32	0.37	0.49	0.59	0.68	0.78	0.84	0.90	1.51	3.10	3.65	4.28	5.20	6.53	8.55

由于半导体激光器的输出激光波长受温度的影响，进行泵浦耦合时需要采用具备精确控温的半导体激光器电源，使半导体激光器工作时的波长与 Nd:YAG 的吸收峰匹配，否则温度变化时半导体激光器的输出激光波长会产生漂移，固体激光器的输出功率也会发生变化。半导体激光器采用 PN 结正向注入激励方式，注入到 P 区的电子将与 P 区的空穴复合，复合时电子从导带跃迁到价带，能量以光的形式释放出来。激励电流越大，半导体激光器的输出功率就越大。利用半导体激光泵浦 Nd:YAG 激光器时，Nd:YAG 晶体中钕离子吸收半导体激光器的输出光能量后从基态激发到长寿命的亚稳态高能级，然后再向较低激发态跃迁时发射波长为 1.064μm 的谱线。半导体激光器的泵浦功率越大，Nd:YAG 激光器的输出功率就越大。

3. 实验仪器与实验装置

本实验主要仪器有泵浦半导体激光器、半导体激光器电源、散热片、耦合系统、Nd:YAG 晶体、凹面镜、功率计、准直半导体激光器。半导体激光泵浦 Nd:YAG 激光器的实验装置如图 1.2.2 所示。半导体激光器输出的光，经耦合系统准直聚焦入射到 Nd:YAG 晶体的端面上被晶体吸收。利用准直半导体激光器发出的激光进行准直，调节晶体位置和输出镜，使特定波长的光束在晶体前端面和输出镜间形成振荡。利用功率计测量输出光的光功率。

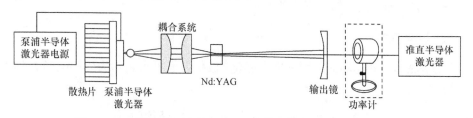

图 1.2.2 半导体激光泵浦 Nd:YAG 晶体连续激光输出实验装置图

4. 实验内容

1) 泵浦半导体激光器的工作电流与输出功率关系的实验测量

确定泵浦源、激光晶体和腔镜参数，按照图 1.2.2 搭建激光器装置，将泵浦半导体激光器放置在导轨上，打开电源并缓慢调节工作电流，通过上转换片观察泵浦半导体激光器出射光的近场和远场光斑，将泵浦半导体激光器工作电流缓慢调节至最小并关闭电源。将准直半导体激光器安装在导轨上，使其出射光束与导轨平行且正入射到泵浦半导体激光器的中心。在距离泵浦半导体激光器前放置准直耦合系统，调节其位置旋钮，使准直光入射到耦合系统前表面的准直激光原路返回。将激光功率计探头放置在准直耦合系统前方，打开泵浦半导体激光器，使激光正入射至探头中心，调节泵浦半导体激光器的工作电流，测量不同电流对应的输出功率，画出 I-P 曲线。

2) 半导体激光器泵浦的全固态激光器的激光输出

将泵浦半导体激光器和准直半导体激光器安装在导轨上，使准直光束与导轨平行且正入射至泵浦半导体激光器的中心。在泵浦半导体激光器前放置准直耦合系统，调节其位置旋钮使准直光入射至耦合系统前表面的准直激光原路返回。将 Nd:YAG 激光晶体放置在泵浦光的焦点处，调节激光晶体架上的位置旋钮，使准直激光通过 Nd:YAG 晶体中心，调节俯仰旋钮，使入射至 Nd:YAG 晶体表面的准直激光原路返回。在设定腔长处安装输出镜，调整各旋钮，使准直光入射到镜面中心且原路返回。打开泵浦半导体激光器电源，缓慢调节工作电流。用红外显示卡观察激光输出，利用功率计测量系统的输出光，微调激光晶体和输出镜，使激光输出达到最大值。改变泵浦半导体激光器的工作电流，测量固体激光器输出功率和阈值。

1.2.3 光学倍频实验

1. 实验目的

(1) 了解激光倍频技术。
(2) 熟悉光学倍频的基本方法。
(3) 掌握光学倍频的工作原理。

2. 实验原理

光学晶体在外光场的作用下发生极化，极化强度 P 可表示为外加电场 E 的幂级数形式

$$P = \varepsilon_0 \chi^{(1)} \cdot E + \varepsilon_0 \chi^{(2)} : EE + \varepsilon_0 \chi^{(3)} \vdots EEE + \cdots \tag{1.2.1}$$

式中第一项为线性极化部分，其他项为非线性极化项。如果入射光的频率远离晶体的共振区，极化级次越高，极化强度越小。当外光场的强度较弱时，二阶及更高阶的非线性极化效应可以忽略。当外光场的强度较强时，二阶及更高阶的非线性极化效应表现明显。晶体常见的二阶极化非线性效应有二次谐波、和频、差频、三波混频和泡克耳斯效应等光学效应。晶体常见的三阶极化非线性效应有双光子吸收、四波混频、受激拉曼散射和受激布里渊散射等光学效应。

对于二阶非线性效应的三波混频过程，假设这三个波的频率分别为 ω_1、ω_2 和 ω_3，根据耦合波方程可获得频率为 $\omega_3 = \omega_1 + \omega_2$ 的和频信号满足的微分方程

$$\frac{\mathrm{d}E(\omega_3,z)}{\mathrm{d}z} = \frac{\mathrm{j}\omega_3^2}{k_3 c^3}\chi_{\mathrm{eff}}^{(2)}E(\omega_1)E(\omega_2)\mathrm{e}^{-\mathrm{j}\Delta kz} \tag{1.2.2}$$

式中 $\chi_{\mathrm{eff}}^{(2)}(\omega_1,\omega_2)$ 表示有效的二阶非线性极化率，$\Delta k = k_3 - k_2 - k_1$ 表示相位失配。稳态小信号近似下频率分别为 ω_1 和 ω_2 的光波振幅在三波混频过程中可看作常数，上式分离变量后积分可获得频率为 ω_3 的和频信号的输出振幅，于是频率为 ω_3 的和频信号的输出功率可表示为

$$I_3 = \frac{4\omega_3^4(\chi_{\mathrm{eff}}^{(2)})^2}{k_3^2 c^4 \Delta k^2}I_1 I_2 \sin^2\left(\frac{\Delta kL}{2}\right) \tag{1.2.3}$$

式中 I_1、I_2 表示频率为 ω_1、ω_2 的入射功率，L 为晶体的厚度。对于倍频情况，$\omega_1 = \omega_2 = \omega$，$\omega_3 = 2\omega$，用晶体有效非线性光学系数 d_{eff} 替代非线性有效极化率 χ_{eff}，则倍频的输出功率可表示为

$$I_{2\omega} = \frac{16k_{2\omega}^2 d_{\mathrm{eff}}^2 I_\omega^2 L^2}{n_{2\omega}^4}\frac{\sin^2\left[\dfrac{\omega}{c}(n_\omega - n_{2\omega})L\right]}{\left[\dfrac{\omega}{c}(n_\omega - n_{2\omega})L\right]^2} \tag{1.2.4}$$

式中 n_ω、$n_{2\omega}$ 表示基频和倍频的晶体折射率。定义倍频光的转换效率为 $\eta = I_{2\omega}/I_\omega$，不难发现影响倍频效率的因素有基频光的功率、晶体的有效非线性光学系数、相位失配量和晶体厚度等。当 $\Delta k = 0$，光倍频光的转换效率为最大值。随着 Δk 增加倍频的效率下降很快。因此 $\Delta k = 0$ 的相位匹配条件成为倍频技术产生的关键。

利用晶体的双折射特性实现相位匹配的方法称为双折射相位匹配法，又称为角度相位匹配法。按照入射波的偏振态选择的不同可将角度相位匹配分为第一类相位匹配和第二类相位匹配两类。对于正单轴晶体的第一类相位匹配，频率为 ω_1 与频率为 ω_2 的光波取非常光，频率为 ω_3 的和频光取寻常光；而对于负单轴晶体，频率为 ω_1 与频率为 ω_2 的光波取寻常光，频率为 ω_3 的和频光取非常光。对于正单轴晶体的第二类相位匹配，频率为 ω_1 与频率为 ω_2 的光波取两种不同偏振形式，频率为 ω_3 的和频光取寻常光；而对于负单轴晶体，频率为 ω_1 与频率为 ω_2 的光波取两种不同偏振形式，频率为 ω_3 的和频光取非常光。非常光的折射率随着入射角发生改变，因此可通过选择特定的角度来实现相位匹配。

常用的倍频晶体有 KTP、KDP、LBO、BBO 和 $\mathrm{LiNbO_3}$ 等，其中 KTP 晶体属于负双轴晶体，KTP 晶体在波长 1064nm 的光附近有高的有效非线性光学系数和

良好的导热性，正好适合用于 Nd:YAG 激光的倍频。倍频晶体可以放置在谐振腔中，也可放置在谐振腔外。根据晶体的位置不同，倍频技术有腔内倍频和腔外倍频两种情况。腔内倍频是指将倍频晶体放置在激光谐振腔之内，因腔内具有较高的功率密度，因此腔内倍频适合于连续运转的固体激光器。腔外倍频方式指将倍频晶体放置在激光谐振腔之外的倍频技术，它适合于脉冲运转的固体激光器。

3. 实验仪器与实验装置

本实验主要仪器有半导体激光器、半导体激光器电源、散热片、透镜耦合系统、Nd:YAG 晶体、凹面镜、功率计、准直半导体激光器、KTP 晶体、光阑。半导体激光泵浦 Nd:YAG 激光器的倍频实验装置如图 1.2.3 所示。半导体激光器输出的光，经耦合系统准直聚焦入射到 Nd:YAG 晶体的端面上被晶体吸收。利用准直半导体激光器发出的激光进行准直，调节晶体位置和输出镜，使特定波长的光束在晶体前端面和输出镜间形成振荡，然后将倍频晶体放置在谐振腔中产生倍频信号。利用功率计测量输出光的光功率。

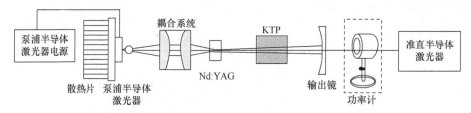

图 1.2.3　半导体激光泵浦 Nd:YAG 激光器的倍频实验装置图

4. 实验内容

1) 半导体激光泵浦 Nd:YAG/KTP 腔内倍频实验

将泵浦半导体激光器和准直半导体激光器安装在导轨上，使准直光束与导轨平行且正入射至泵浦半导体激光器的中心。在泵浦半导体激光器前放置准直耦合系统，调节其位置旋钮使准直光入射至耦合系统前表面的准直激光原路返回。将 Nd:YAG 激光晶体放置在泵浦光的焦点处，调节激光晶体架上的位置旋钮，使准直激光通过 Nd:YAG 晶体中心，调节俯仰旋钮，使入射至 Nd:YAG 晶体表面的准直激光原路返回。将输出镜换为倍频 532nm 输出镜，调整腔长以便放置 KTP 晶体，调整旋钮使准直光入射至镜面中心且光束原路返回。用光阑遮挡准直半导体激光器。缓慢升高泵浦半导体激光器的工作电流，使激光入射至激光功率计中心，微调输出镜，使输出激光功率最大后再将工作电流降至零。靠近激光晶体安装 KTP 晶体，使 KTP 晶体置于谐振腔光腰处，去掉光阑，调节晶体架旋钮将准直激光入射至 KTP 晶体中心并原路返回。在输出镜后放置 532nm 激光功率计，增大泵浦半导体激光器的工作电流，调节各器件旋钮，使绿光输出功率最高。

2) 倍频激光器参数的实验测量

利用准直半导体激光输出激光对泵浦半导体激光器、准直耦合系统、Nd:YAG 晶体和 KTP 晶体进行准直调整，调节倍频输出镜，增大泵浦半导体激光器的工作电流，调节各器件旋钮，使绿光输出功率最高。然后逐渐降低泵浦能量，利用功率计观察倍频激光的输出，记录高于某泵浦能量时激光器出光和低于该能量值时不出光的临界能量，这一临界能量即为该器件的阈值能量。测量绿光输出功率随泵浦半导体激光器泵浦电流和泵浦功率的关系，绘制激光器输出特性曲线。调整谐振腔的腔长，重复上述实验步骤和测量，分析激光器的腔长对激光输出的影响。

思考题

(1) 在泵浦半导体激光器电流增加时，为何需用光阑挡住准直光源？

(2) 泵浦半导体激光器电源为何需要设定控制温度？

(3) 实验中为何要前后移动激光晶体和转动倍频晶体？

1.3 电光调 Q 激光器的工作原理

1.3.1 激光调 Q 技术

随着激光技术的发展，不断提高激光输出功率和能量一直以来是人们研究的重要课题。普通的脉冲激光器的增益上升到阈值时产生激光振荡，反转粒子数不断减小，增益必然下降，因此激光峰值功率不高，并且激光器输出的脉冲脉宽一般在几百微秒到几毫秒之间。若在激光器泵浦初期，增大谐振腔的损耗，激光器不满足振荡条件，进而可获得很高的反转粒子数。然后突然降低谐振腔的损耗，激光振荡迅速建立，激光能量急剧增加，便可达到很高的峰值功率。随着反转粒子数迅速减少，增益下降，激光快速变弱并停止振荡，从而获得很窄的脉宽。调 Q 技术就是通过改变激光器谐振腔的损耗即 Q 值来实现压缩激光脉冲宽度以获得短脉冲高峰值功率激光输出的重要方法。调 Q 技术的概念早在 1961 年被提出，1962 年研制成功了第一台调 Q 激光器。通常调 Q 激光器输出的激光脉冲宽度在纳秒量级，峰值功率可达兆瓦以上。

由于谐振腔存在损耗，光在谐振腔内来回传输过程中其强度必然衰减，因此谐振腔的损耗成为激光器性能的重要标志。谐振腔的损耗常采用单程损耗因子、光子寿命和品质因数等概念来描述。假设初始激光光强为 I_0，光沿谐振腔经历一个周期后光强衰减为 $I = I_0\exp(-2\alpha)$，其中 α 为单程损耗因子。α 越大，谐振腔的损耗越大，能量衰减越快。如果初始光子数密度为 n_0，经过 t_c 时间后光子数衰减为初始光子数的 e^{-1}，则称 t_c 为光子在谐振腔内的平均寿命。对于腔长为 L 的谐振腔，光子寿命与单程损耗因子间满足 $t_c = L/(c\alpha)$ 的关系。激光器的品质因数即谐振腔的 Q 值为腔内储存的能量与每秒钟损耗的能量之比，可表示为如下形式：

$$Q = \frac{2\pi L}{\alpha\lambda_0} \tag{1.3.1}$$

式中 λ_0 为真空中激光波长。可以看出，谐振腔的 Q 值与单程损耗因子成反比，即损耗越大，Q 值越低；损耗越小，Q 值越高。因此可以通过改变谐振腔内的单程损耗因子来调节谐振腔的 Q 值。谐振腔的损耗一般包括反射损耗、吸收损耗、衍射损耗、散射损耗和透射损耗等，用不同的方法控制谐振腔的损耗就形成了不同的调 Q 技术。目前常用的调 Q 方法有电光调 Q、声光调 Q 和被动式可饱和吸收调 Q。电光调 Q 技术是借助晶体的电光效应控制谐振腔损耗实现调 Q，可饱和吸收调 Q 技术是通过控制饱和吸收体的吸收损耗来实现调 Q，而声光调 Q 技术中则利用了衍射损耗的调控实现调 Q。

调 Q 技术又可分为主动式和被动式两大类，其中主动式调 Q 方法有转镜调 Q、电光调 Q 和声光调 Q 等，被动式调 Q 方法有可饱和吸收调 Q、薄膜调 Q 和可饱和反射镜调 Q 等。转镜式调 Q 是比较常用的机械调 Q 方法，它是由高速马达驱动的全反射镜或者全反射棱镜和另一个反射镜组成谐振腔。只有当全反射镜或者全反射棱镜的反射面与另一个反射镜的镜面平行时，光线才能在腔内来回多次反射，提高 Q 值从而产生激光振荡。而其他状态下，激光介质在外界的泵浦下形成高的粒子数反转，但因 Q 值很低不能形成激光振荡。当转镜和泵浦同步时，激光介质在 Q 值最高位置形成激光振荡，可获得最大的激光输出功率。

电光调 Q 是借助于电光晶体的电光效应来调控光的偏振态实现谐振腔 Q 值的调控。晶体在外加电场作用下，其折射率会发生变化，通过晶体的两垂直分量的光场之间产生相位差。相位差与外加的电场成正比，如负单轴晶体上沿光传输方向加上电场时，光经过长度为 l 的晶体后两垂直偏振分量的光场产生相位差

$$\delta = \frac{2\pi}{\lambda}(n_{y'} - n_{x'})l = \frac{2\pi}{\lambda}n_0^3\gamma_{63}V_z \tag{1.3.2}$$

式中 $n_{x'}$、$n_{y'}$ 为两垂直偏振光的折射率，n_0 为寻常光的折射率，γ_{63} 是晶体的线性电光系数。当所加的电压使光波两个分量产生 $\pi/2$ 的相位差，则沿 x 方向的线偏振光经晶体调制后变为圆偏振光，经反射镜反射后再一次通过晶体，两束光又增加了 $\pi/2$ 的相位差，圆偏振光退化为线偏振光，但偏振方向转过了 90°。因

此借助于偏振片的作用，此时插入到谐振腔中的晶体使谐振腔的 Q 值骤减，不能产生激光振荡。不加外场时，谐振腔的关闭状态消除，激光振荡建立形成脉冲输出。

饱和吸收调 Q 为被动调 Q，它是利用可饱和吸收晶体的非线性吸收调制谐振腔的 Q 值。可饱和吸收晶体对光的吸收系数不是常数，当光较强时，吸收系数随光强的增加而减小饱和吸收体的吸收系数可表示为

$$\alpha = \frac{\alpha_0}{1 + I / I_s} \tag{1.3.3}$$

式中 α_0 为光强很小时的吸收系数，I_s 为饱和吸收光强，I 为入射光强。可以看出，入射光强越强，吸收越小。这是因为较强的入射光使大量基态分子被激发到高能级上，吸收率变小。当入射光强远大于饱和吸收光强时，$\alpha = 0$，此时晶体对于入射光接近透明。光照结束后高能级上的分子又返回基态能级，恢复对光的吸收。将可饱和吸收晶体放置在谐振腔中，激光介质被激励的初始阶段，自发辐射的荧光很弱，晶体的吸收较大，谐振腔处于低 Q 值状态，不能形成激光振荡。随着荧光变强，晶体的吸收系数变小，谐振腔的 Q 值增大，激光振荡建立。当谐振腔内的光强远大于饱和吸收光强时，激光器输出光强达到极值。在脉冲式泵浦光调制下，利用被动调 Q 技术可产生脉冲激光。

1.3.2 激光泵浦源

除了激光介质和谐振腔，激光泵浦源可以说是形成激光输出的决定因素。泵浦源的作用是对激光工作物质进行激励，将激活粒子从基态抽运到高能级以实现粒子数反转。各种激励方式被形象化地称为泵浦或抽运。为了不断得到激光输出，必须通过不断地泵浦才能维持粒子数反转。根据工作物质和激光器运转条件的不同，光学泵浦方式有光泵浦、气体放电激励、化学激励和核能激励等不同类型，其中光泵浦和气体放电激励是两种常见的泵浦方式。对于任何一种泵浦方式，泵浦源的功率必须高于激光器的激光阈值。

利用气体放电时大动能的电子去激发介质原子的方式称为气体放电激励。气体激光器常采用气体放电泵浦方式的激励源。利用脉冲光源来照射工作介质的激励方式称为光泵浦，光泵浦方式被广泛应用于固体和液体激光器中。闪光灯具有非常宽的输出频谱，因此传统的固体激光器一般用闪光灯作为泵浦源。然而正是由于闪光灯的发光区域宽，只有一部分能量被吸收后转换成激光，而大部分的能量则转换成热量使工作物质温度上升，因此输出激光束的质量受到限制。此外，用闪光灯泵浦时，对材料的热性能和机械性能有严格要求。相对于闪光灯，半导体激光器泵浦源具有效率高、噪声较低、频率稳定、寿命长、结构紧凑以及免于维护等诸多优点，因此半导体激光器也常被用作固体激光器的泵浦源。

半导体激光器输出的激光谱线窄，一般为几纳米。选择合适的半导体激光器使其激光光谱与某种固体激光材料的吸收光谱匹配便可实现高效泵浦，大大减轻固体工作物质的热负荷。半导体激光器光泵区域小，因此激光晶体尺寸小。与此同时，激光晶体内可掺入浓度高的激活离子，使晶体具有宽的吸收带、大的吸收系数、低的阈值功率以及 Q 开关运转时长的荧光寿命，方可满足激光输出要求。掺钕石榴石即 Nd:YAG 晶体具有阈值功率低和光学质量高的优点，因此是半导体激光光泵固体激光器的主要材料。虽然 Nd 离子在激光晶体中受分凝系数的限制浓度不能太高，但氟化物和钨、钼酸盐晶体等掺杂离子的浓度高，因此能满足激光效率高和荧光寿命长的要求。利用半导体泵浦制成的全固化激光器并结合频率转换技术，可研制出不同波长和多种模式与运转方式的激光器。

1.3.3　灯泵 Nd:YAG 晶体电光调 Q 激光器实验

1. 实验目的

(1) 了解电光调 Q 固体激光器的输出特性。
(2) 掌握灯泵 Nd:YAG 晶体电光调 Q 激光器的工作原理。
(3) 能熟练搭建和调试灯泵 Nd:YAG 晶体电光调 Q 激光器。

2. 实验原理

具有连续光谱输出的闪光灯照射 Nd:YAG 晶体，晶体中的 Nd 离子从基态跃迁到激发态，其中两个能级对应中心波长为 $0.81\mu m$ 和 $0.75\mu m$ 的两个光谱吸收带。在泵浦光的作用下，受激的 Nd 离子从激发态经过无辐射跃迁到亚稳态获得粒子数积累，相对于寿命短的低激发态形成粒子数反转。在两激发能级跃迁频率的激励下，激光在谐振腔中获得增益形成激光，输出激光的波长为 $1.064\mu m$。跃迁到低激发能态的 Nd 离子迅速跃迁回基态。于是在泵浦光的激励下，Nd 离子在基态、寿命短的高能态、亚稳态和寿命短的低激发能态间循环跃迁，因此闪光灯照射 Nd:YAG 激光器是典型的四能级系统的激光器。

激光器中的 Nd:YAG 晶体通常做成棒状。将 Nd:YAG 激光晶体棒放置在谐振腔中，在闪光灯的泵浦下形成自由振荡。自由振荡激光器产生脉冲峰值功率低且脉宽相对较宽的无规则的偏振光。将带有起偏器的光电调 Q 开关放置在谐振腔中，偏振起偏的线偏振光通过施加外电场作用下的 KDP 晶体，将入射的线偏振光调制成圆偏振光，经反射再次通过晶体后变为偏振面旋转 90° 的线偏振光。在偏振片的阻挡下，激光不能在谐振腔内形成振荡，KDP 调制晶体相当于关闭的电光开关。由于氙灯一直对 YAG 棒进行抽运，因此激光晶体中亚稳态粒子数不断积累。当粒子反转数达到一定值时，突然去掉 KDP 调制晶体上的外电压，晶体的光电调制效应消失，即电光开关控制的光路开通，沿谐振腔轴线方向传播的激光可自由通过调制晶体，线偏振光经过 KDP 调制晶体往返一次，偏振方向不发生改变，仍然能透过偏振片，于是在谐振腔中形成激光振荡，进而形成高功率激光发射。

KDP 晶体为负单轴晶体，它的电光系数$\gamma_{63} = 23.6 \times 10^{-12}$m/V。根据公式(1.3.2)不难计算，对于波长为 1.064μm 的光来讲，产生 π/2 的两垂直光波分量的相位差需要在 KDP 晶体上施加的电压为 4000V 左右。KDP 晶体的调制频率决定了输出脉冲的峰值功率和脉冲频率。

3. 实验仪器与实验装置

本实验主要仪器有 He-Ne 激光器、闪光灯、KDP 激光晶体、全反镜、输出镜、KTP 倍频晶体、偏振片、电光调 Q 开关、信号发生器、功率计、能量计和示波器。调 Q 激光器的实验装置如图 1.3.1 所示。He-Ne 激光器输出的激光作为准直光，调整好全反镜和输出镜，在闪光灯照射下，KDP 激光晶体受激辐射，在谐振腔中插入电光调制器，在外电压控制下实现调 Q，KTP 晶体用于激光输出信号的倍频，输出的可见光便于测量和观察。

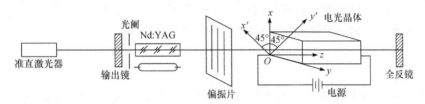

图 1.3.1　灯泵 Nd:YAG 晶体电光调 Q 激光器实验装置图

4. 实验内容

1) 灯泵 Nd:YAG 晶体自由振荡激光器

调整 He-Ne 激光束使其与光学导轨平行。将 Nd:YAG 晶体安装到导轨上，使 He-Ne 激光束通过 Nd:YAG 晶体前后表面中心并原路返回。将全反镜放置在光学导轨上，调整其俯仰旋钮，使全反镜的工作面与 Nd:YAG 晶体平行，He-Ne 准直激光经全反镜反射后光束原路返回。放置输出镜，He-Ne 准直激光原路返回。接通激光器电源，打开水泵，利用水冷系统维持激光晶体的工作温度。关闭 He-Ne 激光，打开预燃开关，调节工作电压，微调输出镜和全反镜使激光输出，将能量计放在激光输出光路上，打开能量计电源开关，测量激光输出能量。记录激光器刚好出激光时的泵浦电压阈值和不同工作电压下输出的脉冲能量，绘制电源工作电压与输出的脉冲能量之间静态输出特性曲线。

2) 灯泵 Nd:YAG 晶体电光调 Q 振荡激光器

将偏振片插入光路中，再将电光 Q 晶体插入光路中，调整其俯仰方位，使电光晶体的晶面与激光晶体的镜面平行，使准直光入射至晶面中心且光束原路返回。

微调电光晶体、全反镜、输出镜的二维俯仰旋钮，使静态激光输出能量最高。关闭 He-Ne 激光，绕光轴转动电光晶体使激光器输出能量最小，电光 Q 开关处于关闭状态。打开调 Q 开关电源，此时输出激光为调 Q 激光，调节电光 Q 开关延迟电压，使巨脉冲输出最强。将输出的脉冲激光经白板漫反射后入射至光电探测器，分别测量静态和调 Q 状态下激光的脉冲宽度。分别改变谐振腔长度和输出镜透过率，测量静态激光输出能量和静态与调 Q 状态激光的脉冲宽度。在激光输出镜的外面放上 KTP 晶体，仔细调节 KTP 倍频晶体的位置，使 He-Ne 准直激光束通过 KTP 倍频晶体的中心原路返回。关闭 He-Ne 激光，绕光轴旋转 KTP 晶体使激光器输出最强绿色激光。观察静态和动态条件下倍频绿光的输出亮度。

1.3.4　半导体激光泵浦 Nd:YAG 晶体被动调 Q 激光器实验

1. 实验目的

(1) 了解被动调 Q 技术。
(2) 掌握全固态激光器被动调 Q 的工作原理。
(3) 能灵活调试全固态激光器被动调 Q 激光输出。

2. 实验原理

Nd:YAG 晶体中的 Nd 离子从基态跃迁到激发态，其中有一个能级的中心波长为 808nm 的光谱吸收带。因此输出波长为 808nm 的半导体激光器的输出光可作为泵浦光。在泵浦光的作用下，受激的钕离子经过无辐射跃迁到亚稳态，获得粒子数积累，可形成粒子数反转。在光激励下，谐振腔中的光获得增益形成激光，输出波长为 1.064μm 的红外光。为改善低能量和宽脉冲的自由振荡激光现状，调 Q 技术可有效压缩激光脉冲宽度，并获得短脉冲高峰值功率激光输出。Cr:YAG 晶体在 1.064μm 处存在吸收带，正好和 Nd:YAG 激光器的发射谱带重合，实验中可采用 Cr:YAG 作为可饱和吸收晶体实现被动调 Q。被动调 Q 激光器具有结构简单、使用方便和无电磁干扰的特征，输出的脉冲具有峰值功率大和脉宽小的特点。

Cr:YAG 晶体又名掺铬钇铝石榴石晶体，是一种优异的被动调 Q 晶体。它具有化学性能稳定、易操作、损伤阈值高、寿命长、热导性好和饱和光强小的优势，常用于钕钇铝石榴石、掺钕 YLF、掺钕钒酸钇和其他波长在 0.8～1.2μm 的掺钕或掺镱激光器的被动调 Q 中。被动调 Q 技术在无需电光开关的情况下能得到充足的激光脉冲，因此不但可以减小激光器的尺寸，还可排除高压能量的需要，降低了脉冲激光器的造价。

Cr:YAG 晶体对 1.06μm 的光具有自饱和性能。激光通过 Cr:YAG 晶体的透过率随着腔内光强改变而改变。将可饱和吸收体 Cr:YAG 晶体放在谐振腔中，泵浦过程开始时，自发辐射强度小，Cr:YAG 的吸收大，因此透过率较低，谐振腔损耗大，激光器不能起振。随着泵浦作用造成的激光工作物质中反转粒子数不断积累，放大的自发辐射逐渐增强。当自发辐射光强与饱和吸收体的饱和光强可比拟时，吸收系数显著减少。当谐振腔单程增益等于单程损耗时，激光器开始起振。随后，激光强度继续增加，可饱和吸收体的吸收系数随之下降，激光输出功率迅速增加，进而产生受激辐射不断增长的雪崩过程。当激光光强增加到增益介质的饱和光强时，反转粒子大量减少，增益系数显著下降，Cr:YAG 晶体吸收增大，透过率也开始降低，最终导致激光熄灭。Cr:YAG 晶体透过率恢复到初始值时，调 Q 过程结束。

3. 实验仪器与实验装置

本实验主要仪器有半导体准直激光器、半导体泵浦激光器、Nd:YAG 激光晶体、小孔光阑、全反镜、输出镜、Cr:YAG 饱和吸收晶体、KTP 晶体、信号发生器、功率计、能量计、示波器。调 Q 激光器的实验装置如图 1.3.2 所示。半导体准直激光器输出波长为 650nm 的光作为准直光，调整好全反镜和输出镜，在半导体泵浦激光器照射下，Nd:YAG 激光晶体受激辐射，在谐振腔中插入 Cr:YAG 饱和吸收晶体，实现被动调 Q，KTP 晶体用于激光输出信号的倍频，输出的可见光便于测量和观察。

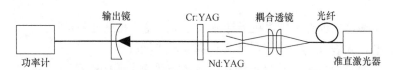

图 1.3.2 半导体激光泵浦 Nd:YAG 晶体被动调 Q 激光器示意图

4. 实验内容

1) 半导体泵浦光源的工作曲线测量

打开半导体泵浦激光器的电源，利用光纤耦合头连接激光器，光纤输出光束经耦合透镜进行聚焦。将功率计调零且探头放置于光纤耦合聚焦镜后离焦的合适位置，调节半导体泵浦激光工作电流，记录从零增大的过程中半导体泵浦激光工作电流和输出功率，绘制半导体泵浦激光工作电流与输出功率的关系曲线，确定阈值关系。测试完成后将半导体泵浦光源的电流调至最小。

2) 半导体激光泵浦 Nd:YAG 晶体连续激光输出实验

按照图 1.3.2 所示的结构，将准直半导体激光器和半导体泵浦激光器放置在导轨上,将小孔光阑放置在准直半导体激光器前,将激光晶体放置于光纤聚焦镜前焦点位置附近,调节激光晶体高度及位置使准直激光打在激光晶体中心且反射光原路返回。挡住准直激光,打开泵浦激光器电源,微调晶体使聚焦光通过晶体的中心,关闭泵浦激光器电源。将激光输出镜置于激光晶体另一侧,调节输出镜位置使其反射的准直激光束光点原路返回,遮挡准直激光。打开泵浦光源的电源,用红外显示卡片在输出镜的前端检查激光输出,观察光斑形状和光斑方向,分析激光输出模式。固定谐振腔腔长,测量激光输出功率与泵浦光源输出功率的关系。改变腔长或输出镜透过率,研究谐振腔的改变对激光出光功率、转换效率、阈值条件等的影响。

3) 半导体泵浦 Nd:YAG 晶体被动调 Q 脉冲激光输出实验

将准直半导体激光器和半导体泵浦激光器准直放置,将激光晶体放置于光纤聚焦镜前焦点位置附近,调节激光晶体使准直激光打在激光晶体中心且反射光原路返回。挡住准直激光,微调晶体使聚焦光通过晶体的中心,关闭泵浦激光器电源。打开准直激光,将激光输出镜置于激光晶体另一侧,调节输出镜位置使其反射的准直激光束光点原路返回。打开泵浦光激光器的电源,借助红外显示卡片在输出镜的前端微调激光晶体使激光输出最大。按照图 1.3.2 所示的光路,在输出镜和激光晶体间插入被动调 Q 晶体,转动晶体并调节各元件使激光输出,用功率计测量最大输出平均功率。将快速探测器固定于激光输出镜前,利用示波器读取调 Q 脉冲信号的脉宽及重复频率。

思考题

(1) 功率计能否直接放置在半导体激光器的输出焦点处测量?

(2) 电光调 Q 实验中电光晶体为何需要沿光轴旋转?

(3) 被动调 Q 实验中选择可饱和吸收体需要考虑哪些因素?

(4) 电光调 Q 技术中如何降低激光脉冲宽度?

1.4　声光调制锁模激光器的工作原理

1.4.1　激光锁模技术

将谐振腔中多个纵模相互关联,获得频域稳定的频谱强度、均匀的相位分布和时域等间隔的脉冲序列输出的技术称之为锁模。最初利用锁模技术可得到持续时间短到皮秒量级的强短脉冲激光。20 世纪 80 年代后期利用碰撞锁模技术可获得持续时间短到飞秒量级的超短脉冲激光。极强的超短脉冲光源大大促进了非线性光学、时间分辨激光光谱学、等离子体物理等学科的发展,超短脉冲激光也在通信、遥感监测、高速摄影等技术领域获得广泛应用。

自由振荡激光器中的各个纵模的振幅和相位是彼此独立无关的。各纵模叠加的瞬时功率随着时间快速无规地波动，用扫描干涉仪观察纵模频谱可看到各个纵模强度是随机涨落的，这是由于模式之间无规干涉引起的。探测器探测到的自由振荡激光器的输出强度为各纵模强度的和。如果各纵模频率对应增益线宽中心 ω_0 等间隔的分布，各纵模频率相互关联，相邻纵模频率有固定的相位差，所有纵模同步振荡，相干叠加后的输出光场可表示为

$$E(z,t) = E_0 \mathrm{e}^{\mathrm{j}\omega_0\left(t-\frac{z}{c}\right)} \frac{\sin\left[\frac{1}{2}N\Delta\omega\left(t-\frac{z}{c}\right)\right]}{\sin\left[\frac{1}{2}\Delta\omega\left(t-\frac{z}{c}\right)\right]} = A(z,t)\mathrm{e}^{\mathrm{j}\omega_0\left(t-\frac{z}{c}\right)} \tag{1.4.1}$$

相干叠加后光场的输出光强为

$$I(z,t) \propto A^2(z,t) = E_0^2 \frac{\sin^2\left[\frac{1}{2}N\Delta\omega\left(t-\frac{z}{c}\right)\right]}{\sin^2\left[\frac{1}{2}\Delta\omega\left(t-\frac{z}{c}\right)\right]} \tag{1.4.2}$$

以上两式中 $\Delta\omega = 2\pi\Delta\nu = \pi c/L$，$c$ 为光速，L 为光学腔长，E_0 为各纵模振幅，N 为腔内纵模数。N 个模式的合成光场的频率仍为 ω_0，原来连续输出的光强变成了随时间和空间变化的周期性的脉冲。

当固定空间位置时，公式(1.4.2)可看作模式合成的光强随时间的变化。当 $\Delta\omega t = 2m\pi$ 时，m 取任意的整数，光强为最大。相邻两最大光强间的时间间隔即脉冲的周期为 $T = 2\pi/\Delta\omega = 2L/c$，这个时间正好是光脉冲在腔内来回传播一次所需的时间。如果令上式分母趋于零可得到脉冲的峰值光强。这一峰值光强近似为单纵模强度的 N^2 倍。显然锁模后的脉冲峰值光强比自由振荡总光强大得多。对于此时脉冲的宽度可定义为脉冲峰值与第一个光强为零的谷值间的时间间隔，不难得到 $\tau = T/N = 2L/(Nc)$。因此纵模个数越多，锁模脉宽就越窄，脉冲的占空比为 $1/N$。图 1.4.1 给出了锁模脉冲的光强随时间的变化。

当固定时间时，公式(1.4.2)表示有相同频率间隔及同步等幅振荡的纵模相干叠加后变成了随空间距离周期变化的脉冲激光序列。脉冲序列中光脉冲的空间周期为 $2L$，光脉冲的空间宽度为 $2L/N$。纵模个数越多，光脉冲的空间宽度就越窄。当然实际的激光器未必能把谱线宽度内所有的纵模都锁定，因此锁模脉宽还与介质增益有关。

激光锁模的方法有多种，总的来说，激光锁模方法可分为自锁模、主动锁模和被动锁模。多模辐射场作用在介质中使反转粒子数以多模差频自调制，反转粒子数被调制后与多模辐射场作用产生边带极化，边带与原有纵模的耦合获得纵模

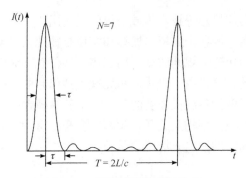

图 1.4.1　　光脉冲序列时间分布

锁定，这就是自锁模。自锁模现象最初在 He-Ne 激光器中被观察到，之后又在二氧化碳激光器、氩离子激光器以及固体激光器中被观察到。自锁模易受环境影响，因此不稳定，使用价值不大。在激光腔内放入可饱和吸收元件也可进行锁模，由于这类元件在腔内运转过程中不能人为控制，因此属于被动锁模。可饱和吸收介质通常是有机染料溶液，且染料的吸收频率与激活介质的增益频率符合，染料的吸收率呈现非线性，对弱光吸收率高，而对强光吸收率低。自发辐射产生的无规强度起伏的光波通过可饱和吸收体后，弱光受到较大衰减，强光优先得到保存，经过介质增益形成锁模脉冲。

　　在激光腔内放置调制元件对光波进行调制时，由于这类器件的某些参数可以人为控制，因此这类锁模属于主动锁模。主动锁模又分两种：一种是调制振幅的调幅锁模，另一种是调制频率的调频锁模。调幅锁模是在激光腔内插入损耗调制器，调制频率严格等于激光器相邻模式频率间隔。损耗调制的函数形式为 $\delta = \delta_0 \cos(\Delta\omega t)$，其中 $\Delta\omega$ 为调制频率，受到损耗调制的第 q 个纵模振动可表示为

$$E_q = E_{0q}[1 + \delta_0 \cos(\Delta\omega t)]\cos(\omega_q t + \varphi_q) \tag{1.4.3}$$

该式可分解为三项

$$E_q = E_{0q}\cos(\omega_q t + \varphi_q) + \frac{1}{2}E_{0q}\delta_0 \cos\left[(\omega_q + \Delta\omega)t + \varphi_q\right] + \frac{1}{2}E_{0q}\delta_0 \cos\left[(\omega_q - \Delta\omega)t + \varphi_q\right]$$

$$\tag{1.4.4}$$

　　从公式(1.4.4)可知，除了频率为 ω_q 的振动外还产生了频率为 $\omega_q \pm \Delta\omega$ 的两个边频振动。当 $\Delta\omega$ 等于纵模频率间隔时，且边频频率正好与 $\omega_{q\pm1}$ 的纵模频率一致，它们之间产生了耦合，迫使 $\omega_{q\pm1}$ 与 ω_q 同步。同样地，在增益线宽内所有的纵模都会受到相邻纵模产生的边频耦合，迫使所有的纵模都以相同的相位振动，由此实现了同步振荡，从而达到锁模的目的。从时域的角度看，损耗调制的周期与光在腔内往返一次的时间相同。对于调制器损耗为零时刻的光波，通过调制器在腔内往返一周再回到调制器时损耗仍为零，而其他时刻的光波每次通过调制器时都受到

损耗。因此只有调制器损耗为零时刻附近的光波才能保存下来。光波从介质中得到的增益大于腔内的损耗时,光波不断增强直到饱和稳定,形成周期为 $2L/c$ 的光脉冲序列输出。

调频锁模是通过光学晶体实现的。为实现锁模,调制器的频率必须等于相邻纵模的间隔,则经过相位调制器的纵模光场可表示为 $E(t) = E_0\cos[\delta_0\cos(\Delta\omega t) + \omega_0 t + \varphi_0]$,其振荡频率为相位对时间的导数,因此振荡频率可表示为

$$\omega = \omega_0 - \Delta\omega\delta_0\sin\Delta\omega t \tag{1.4.5}$$

不难发现,相位调制函数取极值时,对应时刻的光波通过调制器后不产生频移,而其他时刻的光波通过调制器后产生频移。经过频移后的光波每次通过调制器都经历一次频移,因此相应的频谱增益降低直至耗尽。正是由于调制相位的变化周期与光在腔内运行周期相同,调制相位取极值时刻的光场每次通过调制器时调制相位都处于极值,所以能保存下来。当光波从介质中得到的增益大于腔内的损耗时,光波不断增强直到饱和稳定,形成周期为 $2L/c$ 的光脉冲序列输出。由于调频锁模中对应调制信号的两个极值会形成完全无关的两个脉冲序列,器件的扰动会使锁模输出从一个脉冲序列跃变到另一个脉冲序列。为了避免相位的跃变,可将原有调制信号及其倍频信号同时施加到晶体上,因相位调制的不对称可使一列脉冲优先运转。

1.4.2 声光调制锁模技术

当介质中有超声波传播时,介质产生周期变化的弹性应变 $S = S_0\sin(\omega t - ky)$,进而引起介质折射率发生变化,这就是介质的弹光效应,发生弹光效应的介质称为声光介质。超声波通过声光介质时,声光介质的折射率在空间是周期分布的,可表示为 $\Delta n = n_0\sin(\omega t - ky)$,其中 n_0 为折射率变化的振幅,它与介质的应变振幅和介质的声光系数成正比。因此光束通过超声波调制的声光介质会发生衍射,进而产生偏转、频移或强度变化,这种现象称为声光效应。各向同性的声光介质由于应变引起的折射率变化是各向同性的,声光效应不随声波和光波的传播方向改变而变化。各向异性晶体的折射率依赖于晶体取向,因此声光效应将随声波和光波在晶体中传播方向的不同呈现不同的结果。

折射率空间周期分布的声光介质相当于相位光栅,且光栅常数等于声波波长,光束通过声光介质时发生衍射。根据入射角的不同和声光相互作用长短的不同,声光衍射可分拉曼-奈斯衍射和布拉格衍射。声光相互作用长的衍射为布拉格衍射,衍射光束仅存在零级和正一级或负一级。声光相互作用短的衍射为拉曼-奈斯衍射,衍射光束有零级、正负一级和高级。光束的衍射角满足光栅方程,各级衍射光波正比于各阶贝塞尔函数 $J_m(2\pi n_0 l/\lambda)\exp[j(\omega_0 - m\omega)t]$。除了零级衍射,其他各级衍射将出现多普勒频移,图 1.4.2(a)和(b)给出了行波调制下的声光晶体的光

衍射示意图，行波型声光器件由换能器、声光晶体、吸能装置和电源四部分组成。

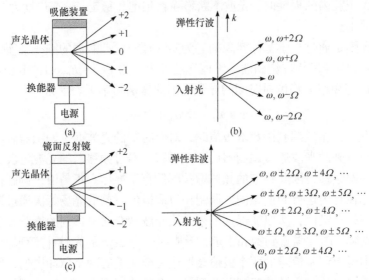

图 1.4.2　行波和驻波调制的声光晶体的光衍射示意图

当声光介质晶体通声端面抛光为镜面时，换能器产生的声波经镜面反射在声光介质内形成超声驻波 $S = S_0\sin(\omega t)\sin(ky)$，超声驻波引起声光介质折射率的周期性变化，且折射率变化频率为电信号频率。声光介质各级衍射光波可表示为 $J_m[2\pi n_0 l\sin(\omega t/\lambda)]\exp(\mathrm{j}\omega_0 t)$，显然各级衍射光波振幅受到了频率调制。各级衍射光也不再是单色光，而是含有多种频率的合成光。由于零级贝塞尔函数的偶函数特性，零级衍射光强的调制频率为声波调制信号频率的两倍。图 1.4.2(c) 和(d)给出了驻波调制下的声光晶体的光衍射示意图。驻波型声光器件由换能器、声光晶体、镜面反射镜和电源四部分组成。声光锁模正是利用声驻波光强调制器这一特点来实现的，只要选取声光锁模器件的工作频率为激光器两纵模频率间隔的一半，便可在谐振腔内引入周期性损耗而完成锁模。

1.4.3　声光调制锁模激光器的实验测量

1. 实验目的

(1) 了解激光锁模技术。
(2) 理解声光调制锁模原理。
(3) 掌握声光调制锁模激光器的调试方法。

2. 实验原理

本实验采用折射率为 1.457 的熔石英作为声光介质制成声光调制器。端面抛光后的声光晶体与换能器连接，声速为 5960m/s、超声频率为 45.77MHz 和波长为 130.22μm 的超声波经镜面反射在声光晶体中形成超声驻波。声光调制器在光波正入射时有多级对称衍射出现。为了减小调制器在腔内的插入损耗，将声光晶体和激光管两侧窗片的入射界面和出射界面加工成布儒斯特角的形状，如图 1.4.3 所示，其中 θ_B 为布儒斯特入射角，与其折射角 θ_B' 满足 $\theta_B + \theta_B' = \pi / 2$ 的关系。

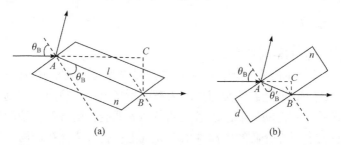

图 1.4.3　(a)声光调制器和(b)激光管窗片的形状及相应的光路

根据调制器的频率与激光器两纵模频率间隔的关系可推得激光腔长。在实际中，由于激光腔内存在折射率大于 1 的声光介质和布儒斯特窗片，所以腔的实际光程长度 L' 比几何长度 L 要长。图 1.4.3 中虚线给出了两者的差值。激光腔的光学长度和几何长度关系可表示为

$$L' = L + \Delta_1 + 2\Delta_2 = L + (ln - l\sin 2\theta_B') + \frac{2}{\cos\theta_B'}(dn - d\sin 2\theta_B') \qquad (1.4.6)$$

式中 n 为熔石英材料折射率，l 和 d 分别为调制器和窗片的厚度。将 He-Ne 激光器管、布儒斯特窗片和声光调制器放置在全反镜和输出镜之间。当声光调制器外界电信号的变化频率同样为 ω，经换能器获得的超声驻波变化频率也为 ω，声光介质中的应变和折射率变化的频率为 ω，声光晶体的零级衍射光强的调制频率为 2ω。根据声光锁模器的工作频率和激光器两纵模频率间隔的二倍关系，调制器的调制频率设置为 $\omega = c/(4L')$，调整输出镜的位置使腔长满足公式(1.4.6)，从而引入周期性损耗而完成锁模。

3. 实验仪器与实验装置

本实验主要仪器有 He-Ne 激光器、由全反镜和输出镜组成的腔镜、光电探测放大器、激光功率计、声光调制器、光阑、扫描共振仪、示波器、快速光电二极管等。声光调制锁模激光器的实验装置如图 1.4.4 所示。He-Ne 激光器输出的激光在谐振腔中经过声光调制器调制后形成脉冲激光，利用示波器探测脉冲序列的频

率间隔和脉冲宽度，利用功率计探测脉冲输出能量和平均强度，研究脉冲激光与声光调制锁模的关系。

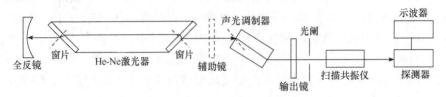

图 1.4.4　声光调制锁模激光器实验装置图

4. 实验内容

1) 声光调制器的衍射效率实验

按照图 1.4.4 所示的实验装置将声光调制器放置在谐振腔中，其中全反射腔镜选择平凹镜，He-Ne 激光器的两窗片均为布儒斯特窗片。将声光调制器放置在平面输出辅助镜后，用辅助镜输出的激光调节声光调制器的方位，使激光以布儒斯特角入射，且通过声光介质的中部透射在光阑上。打开声光控制器电源，增加电流观察拉曼-奈斯衍射，调节声光调制器位置旋钮和水平角度，测出零级光束的衍射效率，绘制衍射效率与电功率的关系曲线。

2) 声光锁模激光脉冲产生的实验验证

按照图 1.4.4 所示的实验装置搭建光路，将声光控制器电流降到 0，关闭电源。按预设腔长放置输出镜，用辅助腔镜的输出激光调节输出镜，使光束沿原路返回。取下辅助腔镜，在全反镜和输出镜之间形成激光振荡。调节全反镜和输出镜以及声光调制器使输出功率最大。微调控制器频率和控制器电流，使锁模效果达到最佳状态。通过示波器显示光场纵模，幅度最高、最稳定和图像分辨率最高时为最佳状态。用扫描干涉仪观察激光器输出纵模频谱，比较锁模前后频谱纵模个数、强度以及稳定性的变化。改变声光调制器上的输入电功率，观察锁模状态的变化，记录最佳锁模电功率及响应的声功率和零级衍射调制度。用快速光电二极管探测锁模激光脉冲序列，用示波器测量脉冲周期及脉冲宽度，与理论值做比较并分析误差原因。

思考题

(1) 声光调制锁模能否采用行波型调制器实现？

(2) 实验中为何选择 He-Ne 放电管布儒斯特窗片和声光晶体布儒斯特角入射？

(3) He-Ne 放电管两侧放置的磁体有何用途？

(4) 锁模激光器输出的脉冲周期和脉冲宽度有何特点？

第 2 章　光通信原理

2.1　电光调制与声光调制

2.1.1　光学调制

利用光波来传递信息是理想的通信手段。激光相比通信无线电波有频率高得多、传递信息相干性好、易于信息加载、方向性强和发散角小的特点,可使激光传输较远的距离。激光作为信息的载体,可通过改变激光的振幅、频率、相位、偏振态和传输方向等参量实现信息的加载。信息加载过程通常称为光学调制。

调制的目的是对所需处理的信号或被传输的信息作某种形式的变换,使之便于处理、传输和检测。与电子学中的电子和空穴不同,呈电中性的光子不能直接用外场来调制。光学调制需要通过改变发光机构或用外场改变材料的光学性能来间接地实现对光束的调制。光学调制的具体方法有很多种,根据光调制与激光器的位置关系的不同,光学调制可分为内调制和外调制两大类。光学内调制是指将待传输信号直接加载到激光器上,以改变激光器的输出特性来进行调制,于是激光器输出的激光光束就包含了待传输的信息。最简单的是用调制信号直接控制激光器的偏置电源,激光器发出的激光强度随着待传输信号发生变化。此外,也可将电光晶体或声光晶体等调制元件放在激光器的谐振腔内,用待传输的信号控制调制元件的物理性能变化,调整光学谐振腔参数来改变激光的输出特性进而实现光学调制。由于此时光学调制是在激光器内部完成的,因此称为内调制。

光学外调制是在激光谐振腔以外的光路上放置调制器,将待传输的信号加载到调制器上,当激光通过这种调制器时激光的强度、相位、频率等将发生变化,从而实现光学调制。这种调制方法由于不涉及激光器的内部结构,使用方便且可以采用现成的性能优良的激光器,因而光学外调制成为目前广泛应用的调制类型。外调制的基础是外场作用下光与物质的相互作用,其共同物理本质都是外场微扰引起材料的非线性变化并导致光学各向异性。这种非线性相互作用过程使得通过的光波强度、偏振方向、频率、传播方向、相位等参量发生变化,从而实现激光的调制。

按调制光波参量的不同,光调制可分为振幅调制、频率调制和相位调制等。振幅调制是输入的信号调制光的振幅,频率调制是保持载波的幅度不变,改变它的频率，而相位调制则是保持载波幅度和频率不变，改变它的相位。按光学调制的形式不同，光学调制可分为模拟调制、脉冲调制和数字调制。模拟调制是输入的调制信号连续改变载波的强度、频率、相位或偏振态，其特点为在任何时刻信号的幅度与光波参数的幅度相对应。脉冲调制则是对信号的幅度按一定规律间隔取样，将脉冲序列当作载波。数字调制则对信号的幅度按一定规律间隔取样，以编码的形式转变为脉冲序列。载波脉冲在时间上的位置是固定的，但幅度是被量化的，常采用两电平表示的二进制编码形式来表示。模拟调制、脉冲调制和数字调制的原理如图 2.1.1 所示。

改变载波的幅度调制为非相干调制，而改变载波的频率和相位的调制为相干调制。非相干调制可以是内调制或者外调制。早期实用化的光纤系统都是采用非相干的强度调制。这种调制方式原理简单且实现方便，但调制的性能受到限制。目前，调制信号的相位和信号的偏振也用于信号的加载。调制方式的选择取决于所要求的信噪比大小、品质因数、占据的带宽、调制的改进系数、费用以及复杂性等方面的要求。低速系统可接受内调制较大的瞬间调频影响，而高速系统、相干系统或用非相干的波分复用系统由于新型调频会出现输出线宽增大、色散引入脉冲展宽、信道能量损失和邻近信道的串扰等问题。

外调制可利用晶体的电光效应、声光效应、磁光效应和吸收效应等性质来实现对光的调制。由于光源的发光和光调制是分离的，数字调制过程中的数字调制作用相当于一个高速运行的通断型光开关。只要调制器的反射足够小，激光器的线宽就不会增加。早在 1875 年，英国的克尔就发现加上外电场的电光晶体的折射

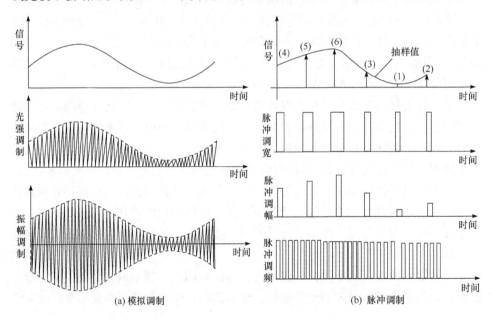

(a) 模拟调制　　　　　　　　(b) 脉冲调制

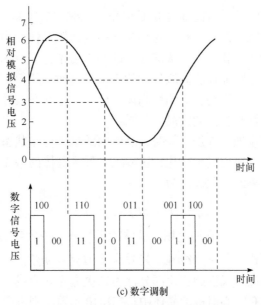

(c) 数字调制

图 2.1.1　光学调制的原理示意图

率发生了改变, 后来人们利用电光效应制作了用途广泛的电光调制器。人们还发现超声波作用下声光晶体的折射率发生周期性变化, 利用声光效应可以制作声光调制器。此外, 英国的法拉第发现当光通过磁场时会发生旋光效应, 利用磁光效应可以制作磁光调制器与光隔离器。因此光调制按照调制的物理效应的不同又可分为电光调制、声光调制和磁光调制。

2.1.2　电光调制实验

1. 实验目的

(1) 了解晶体的电光效应及其应用。
(2) 掌握晶体线性电光调制的工作原理。
(3) 能够利用电光调制实验装置测量晶体的半波电压和电光系数。

2. 实验原理

光在各向异性晶体中传播时, 因光的传播方向不同或电矢量的振动方向不同, 光的折射率也不同。通常用折射率球来描述折射率与光的传播方向和振动方向的关系。在主轴坐标系中, 晶体的折射率椭球方程可表示为

$$\frac{x^2}{n_1^2} + \frac{y^2}{n_2^2} + \frac{z^2}{n_3^2} = 1 \tag{2.1.1}$$

式中 n_1、n_2 和 n_3 为三个主轴方向上的折射率，又称主折射率。低级晶族的三个主折射率均不相同，且有两条光轴，这种晶体称为双轴晶体。中级晶族的三个主折射率中有两个主折射率相等，一般取相等的两折射率为 $n_1 = n_2$，这种晶体仅有一条光轴，因此称为单轴晶体。高级晶族的三个主折射率相等，晶体不再呈现双折射。在线性情况下其特性与各向同性晶体一样，但是在非线性情况下由于出现高阶介电张量，其特性与各向同性晶体不同。

当光晶体的两端加上外加电场时，晶体内的电子分布状态将发生变化以致晶体的极化强度和折射率也发生变化，这种现象称为晶体的电光效应。通常可将外加电场引起的折射率的变化表示为

$$n = n_0 + aE_0 + bE_0^2 + \cdots \tag{2.1.2}$$

式中 a 和 b 为常数，n_0 为不加电场时晶体的折射率，一次项 aE_0 即晶体折射率随外加光场的线性变化部分称为线性电光效应或泡克耳斯效应，而二次项 bE_0^2 即晶体折射率对外加光强呈线性的变化部分称为二次电光效应或克尔效应。线性电光效应只存在于不具有中心对称的晶体中，二次电光效应则可存在于任何晶体中。一般来讲，一次电光效应要比二次电光效应显著。晶体加上电场后其折射率椭球的形状、大小、方位都发生变化，其折射率椭球方程变为

$$\frac{x^2}{n_{11}^2} + \frac{y^2}{n_{22}^2} + \frac{z^2}{n_{33}^2} + \frac{2yz}{n_{23}^2} + \frac{2xz}{n_{13}^2} + \frac{2xy}{n_{12}^2} = 1 \tag{2.1.3}$$

上式也可表示为如下形式：

$$B_{11}x^2 + B_{22}y^2 + B_{33}z^2 + 2B_{23}yz + 2B_{13}xz + 2B_{12}xy = 1 \tag{2.1.4}$$

式中 B_{ij} 表示与折射率有关的系数。当撤去外场后，公式(2.1.3)或公式(2.1.4)将退变为公式(2.1.1)，因此上述方程中的系数可看作不加外场时的系数增加了一定的改变量，即 $B_{ij} = B_{ij}^0 + \Delta B_{ij}$，其中 $B_{11}^0 = 1/n_1^2$，$B_{22}^0 = 1/n_2^2$，$B_{33}^0 = 1/n_3^2$，$B_{23}^0 = B_{13}^0 = B_{12}^0 = 0$。当然 ΔB_{ij} 也可简化为 ΔB_l，且 l 取 1 到 6 的整数。

对于线性光电效应，晶体折射率的改变量与外加电场呈线性关系，因此借助于矩阵，它们的关系可表示为

$$\begin{bmatrix} \Delta B_1 \\ \Delta B_2 \\ \Delta B_3 \\ \Delta B_4 \\ \Delta B_5 \\ \Delta B_6 \end{bmatrix} = \begin{bmatrix} \gamma_{11} & \gamma_{11} & \gamma_{13} \\ \gamma_{21} & \gamma_{22} & \gamma_{23} \\ \gamma_{31} & \gamma_{32} & \gamma_{33} \\ \gamma_{41} & \gamma_{42} & \gamma_{43} \\ \gamma_{51} & \gamma_{52} & \gamma_{53} \\ \gamma_{61} & \gamma_{62} & \gamma_{63} \end{bmatrix} \begin{bmatrix} E_1 \\ E_2 \\ E_3 \end{bmatrix} \tag{2.1.5}$$

方程中的 E_1, E_2 和 E_3 表示外加电场的三个分量，γ_{li} 为晶体的线性电光系数，不同材料其电光系数张量也不同。表 2.1.1 给出了几种常见电光晶体的特性参数。对于 LiNbO$_3$ 晶体，其线性电光系数张量元素中 $\gamma_{13} = \gamma_{23}$，$\gamma_{33}$，$\gamma_{42} = \gamma_{51}$，$\gamma_{22}$ 以及 $\gamma_{12} = \gamma_{61} = -\gamma_{22}$ 不为零，其他张量元素均为零。对于 KDP 晶体，线性电光系数张量元素 $\gamma_{41} = \gamma_{52}$ 以及 γ_{63} 不为零，其他张量元素均为零。

表 2.1.1　常见电光晶体的特性参数

点群对称性	晶体材料	折射率		波长/μm	非零电光系数 10^{-12}m/V
		n_o	n_e		
3m	LiNbO$_3$	2.297	2.208	0.633	$\gamma_{13} = \gamma_{23} = 8.6$, $\gamma_{33} = 30.8$ $\gamma_{42} = \gamma_{51} = 28$, $\gamma_{22} = 3.4 = -\gamma_{12} = -\gamma_{61}$
32	Quartz (SiO$_2$)	1.544	1.553	0.633	$\gamma_{41} = -\gamma_{52} = 0.2$ $\gamma_{62} = \gamma_{21} = -\gamma_{11} = 0.93$
$\overline{4}2m$	KH$_2$PO$_4$ (KDP)	1.5115	1.4698	0.546	$\gamma_{41} = \gamma_{52} = 8.77$, $\gamma_{63} = 10.3$
		1.5074	1.4669	0.633	$\gamma_{41} = \gamma_{52} = 8$, $\gamma_{63} = 11$
$\overline{4}2m$	NH$_4$H$_2$PO$_4$ (ADP)	1.5266	1.4808	0.546	$\gamma_{41} = \gamma_{52} = 23.76$, $\gamma_{63} = 8.56$
		1.5220	1.4773	0.633	$\gamma_{41} = \gamma_{52} = 23.41$, $\gamma_{63} = 7.828$
$\overline{4}3m$	ZnTe	2.990		10.6	$\gamma_{41} = \gamma_{52} = \gamma_{63} = 4.04$

晶体的线性电光效应有纵向电光效应和横向电光效应两种类型。纵向电光效应是加在晶体上的电场方向与光在晶体里传播的方向平行时产生的电光效应，而横向电光效应是加在晶体上的电场方向与光在晶体里传播方向垂直时产生的电光效应。通常 KDP 晶体工作于纵向电光调制，LiNbO$_3$ 晶体工作于横向电光调制。假设 LiNbO$_3$ 晶体的外加电场与光的传输方向垂直，令外加电场的方向沿 z 轴方向，在新主轴坐标系中 LiNbO$_3$ 晶体的折射率变为

$$n_x = n_y \approx n_o - \frac{1}{2}n_o^3\gamma_{13}E_z \tag{2.1.6}$$

$$n_z \approx n_e - \frac{1}{2}n_e^3\gamma_{33}E_z \tag{2.1.7}$$

设入射线偏振光沿 xz 的角平分线方向振动，两个本征态 x 和 z 分量的折射率差为

$$n_x - n_z = (n_o - n_e) - \frac{1}{2}(n_o^3\gamma_{13} - n_e^3\gamma_{33})E \tag{2.1.8}$$

当晶体的长度为 L，厚度为 d 时，则射出晶体后光波的两个本征态的相位差为

$$\Gamma = \frac{2\pi}{\lambda_0}(n_x - n_z)L = \frac{2\pi}{\lambda_0}(n_o - n_e)L - \frac{2\pi}{\lambda_0}\frac{n_o^3\gamma_{13} - n_e^3\gamma_{33}}{2}EL \tag{2.1.9}$$

上式说明在横向调制情况下相位差由两部分构成，第一项为晶体的自然双折射部分，第二项为电光双折射部分，显然通过改变外场可实现输出光场相位的调节。当电光双折射部分的相位取 π 时，外加电压被称作半波电压 V_π。如果晶体调制后的光场经过四分之一波片，在晶体上施加直流偏压为半波电压的一半时，在调制幅度不大的情况下，晶体的透射强度随外场线性变化。

3. 实验仪器与实验装置

本实验应用 $LiNbO_3$ 晶体的横向电光效应实现光电调制，借助横向调制装置研究光电调制的工作原理和实验测量方法。本实验主要仪器有 He-Ne 激光器、偏振片、$LiNbO_3$ 电光调制器、电光调制电源组件、信号发生器、示波器、MP4、信号放大与解调器、扬声器、调节架等。晶体电光调制实验装置示意图如图 2.1.2 所示。激光器输出的光经起偏器后变为线偏振光，调节检偏器的偏振方向，使检偏器的透光轴与起偏器的透光轴垂直。起偏后的线偏振光入射到晶体的端面上，转动晶体使光束从晶体的后端面输出，输出的光信号被探测器接收，经过扬声器和示波器后恢复加载的信号。

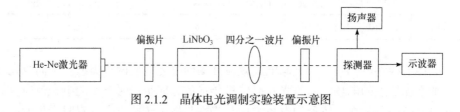

图 2.1.2　晶体电光调制实验装置示意图

4. 实验内容

1) 晶体的横向电光调制与解调

打开激光器，调节起偏器和检偏器的透光轴方向，使检偏器处于消光状态。调整 $LiNbO_3$ 电光调制器使激光入射到 $LiNbO_3$ 电光调制器的端面上，并使激光顺利通过 $LiNbO_3$ 晶体。置于检偏片后的探测器测量 $LiNbO_3$ 晶体的透射光。将 MP4 通过数据线与信号发生器相连，MP4 播放的音频信号通过信号发生器变为电压信号。信号发生器的输出端与 $LiNbO_3$ 电光调制器的电压输入端连接，沿竖直方向给 $LiNbO_3$ 晶体外加电压，完成信号的加载。调节信号发生器的调制幅度和直流偏压，使用信号线连接探测器与扬声器，通过扬声器检测输出音频信号，实现音频信号解调。

2) 晶体半波电压与电光系数的实验测量

打开激光器，调节起偏器和检偏器的透光轴方向，使检偏器处于消光状态。调整 $LiNbO_3$ 电光调制器使激光入射到 $LiNbO_3$ 电光调制器的端面上，并使激光顺利通过 $LiNbO_3$ 晶体。探测器测量 $LiNbO_3$ 晶体的透射光。通过数据线将信号发生器的输出端与 LiNbO₃ 电光调制器的电压输入端连接，调节信号发生器的正弦信号的调制幅度和直流偏压，完成信号的加载。通过信号线连接探测器与示波器，通过示波器检测输出正弦信号，调节直流偏压，观察输出信号的幅值和频率变化，读出线性输出幅值最大时对应的直流偏压即为晶体半波电压的一半，利用公式(2.1.9)计算晶体电光系数。

3) 晶体电光调制工作点的波片选择

打开激光器，调节起偏器和检偏器的透光轴方向，使检偏器处于消光状态。调整 LiNbO₃ 电光调制器使激光入射到 LiNbO₃ 电光调制器的端面上，且使激光顺利通过 LiNbO₃ 晶体。探测器测量 LiNbO₃ 晶体的透射光。将四分之一波片插入晶体的后方，调节四分之一波片快轴方向，观察输出信号的幅值和频率变化，确定并读出线性输出幅值最大时对应的波片快轴的方位。

2.1.3　声光调制实验

1. 实验目的

(1) 了解晶体声光效应的原理与应用。
(2) 掌握晶体声光调制的工作原理。
(3) 能够利用声光调制实验装置实现信号的调制与解调。

2. 实验原理

当超声波在介质中传播时，由于弹性应变介质在时间和空间上周期性变化，介质的折射率也发生相应变化。有超声波传播的介质类似于一个相位光栅，当光束通过有超声波的介质后就会产生衍射现象，这就是声光效应。声光效应有正常声光效应和反常声光效应之分。在各向同性介质中，声光相互作用不导致入射光偏振状态的变化，此时产生正常声光效应。在各向异性介质中，声光相互作用可能导致入射光偏振状态的变化，此时产生反常声光效应。反常声光效应是制造高性能声光偏转器和可调滤波器的基础。正常声光效应可用光栅假设作出解释，而反常声光效应则不能用光栅假设作出说明。在非线性光学中，利用参量相互作用建立起声光相互作用的统一理论，运用动量匹配和失配等概念均可对正常和反常声光效应作出解释。常见的声光介质材料有熔石英、高铅玻璃、钼酸铅二氧化碲、磷化镓等。

引起声光效应的超声波是指振动频率高于 2 万 Hz 的电磁波。产生超声波的方法很多，常用的有压电效应法、磁致伸缩效应法、静电效应法和电磁效应法。利用压电效应产生超声波时，压电陶瓷片在外界电压作用下由于逆压效应产生弹性振动进而形成超声波，超声波经后盖反射板反射后，经辐射头向外输出。超声波可分为行波和驻波两种，行波的幅度随着传输距离和传输时间正余弦变化，声驻波由波长、振幅、相位相同和传播方向相反的两束声波叠加而成。

声光介质在超声波作用下,分子间相互作用力的改变导致介电常量的改变,这就是声光介质的弹光效应。正是由于弹光效应,超声波在声光介质中传播时引起介质折射率变化并随超声波传播,图 2.1.3(a)给出了声光介质在超声行波的作用下折射率的空间分布,其中深色部分表示介质受到压缩密度增大,折射率也相应增大,白色部分表示介质密度减小,对应的折射率也减小。由于介质折射率的变化与介质质点位移的变化率近似成正比,因此介质折射率随时间和空间变化与超声波类似。以各向同性的熔融石英为例,如果应变 $S = S_0\sin(\omega_s t - k_s x)$ 在介质中沿着 x 轴传输,则介质折射率可表示为 $\Delta n \propto A\sin(\omega_s t - k_s x)$,其中 A 为折射率的幅值,它与应变的关系可表示为

$$A = -\frac{1}{2}n_0^3 P S_0 \tag{2.1.10}$$

式中 P 为介质的弹光系数。对于确定的声光介质,弹光系数张量可以从工具书查出或通过实验进行测量。由上述分析可知,超声波在声光介质中传输时引起介质的折射率周期变化,此时受超声波作用的介质相当于一个衍射光栅,光栅的条纹间隔等于声波波长。因此光通过折射率周期变化的介质时发生衍射,如图 2.1.3(b)所示。

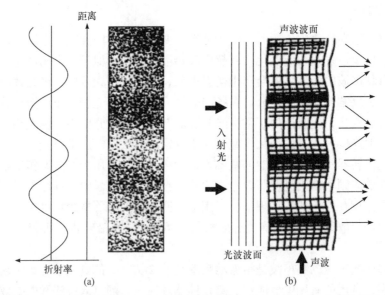

图 2.1.3　(a)超声波在声光介质中引起的声光效应和(b)光的拉曼-奈斯衍射效应

通过声光介质时光的强度、频率等均随超声波变化,按超声波频率的高低以及超声波和光波作用长度的不同,常见的衍射分为拉曼-奈斯衍射和布拉格衍射。

理论上拉曼-奈斯衍射和布拉格衍射是在改变声光衍射参数时出现的两种极端情况。影响出现两种衍射情况的主要参数是声波矢 k_s、光束入射角 θ_i 及声光作用距离 L。为定量区分两种衍射，特引入参数 $G = k_s^2 L / k_i \cos\theta_i$。当 L 和 k_s 很小时，$G \ll 1$，此时的衍射为拉曼-奈斯衍射。而当 L 和 k_s 很大时，$G \gg 1$，相应的衍射为布拉格衍射。当超声波频率较低时，光波几乎平行于超声波面入射，即垂直于超声波传播方向传输，声光相互作用长度较短时，光的衍射为拉曼-奈斯衍射。由于声速比光速小很多，声光介质可视为静止的平面相位光栅。因为声波长比光波长大得多，光波平行通过介质时只受到相位调制。通过折射率大处的光波波阵面将推迟，通过折射率小处的光波波阵面将超前,通过声光介质的平面波其波阵面变为凸凹状，出射波阵面上各子波源发出的次波发生相干，形成多级衍射光。

假设应变量为 $S = S_0 \sin(\omega_s t - k_s x)$ 和宽度为 L 的超声波是沿 x 方向传播的纵波，则输出的衍射光场可看作出射波阵面的子波源干涉的结果

$$E = \int_{-q/2}^{q/2} \exp[j(k_i \sin\theta x + \Delta n \sin k_s x)]dx \tag{2.1.11}$$

式中 q 为入射光束的空间宽度，θ 为衍射角，借助欧拉公式积分可得

$$\begin{aligned} E_P &= \sum_{n=-\infty}^{\infty} J_n(v) \int_{-q/2}^{q/2} \exp(jnk_s x) \exp(jk_i \sin\theta_x)dx \\ &= \sum_{n=-\infty}^{\infty} J_n(v) \frac{\cos[(nk_s + k_i \sin\theta)q/2]}{nk_s + k_i \sin\theta} \end{aligned} \tag{2.1.12}$$

式中 $J_n(v)$ 为 n 阶贝塞尔函数，$v = 2\pi\Delta n L/\lambda$。衍射光场中各项满足 $k_i\sin\theta + n k_s = 0$ 时取极大值。大于零的整数 n 对应不同的衍射级次，各级衍射光的强度正比于 $J_n^2(v)$。由于 $J_n^2(v) = J_{-n}^2(v)$，拉曼-奈斯衍射中正负相同级次的衍射光强相等。将声波通过的介质看作许多相距为 λ_s 的部分反射、部分透射的镜面，对行波超声场来讲，这些镜面将以速度 v_s 沿 x 方向移动。因 $\omega_s \ll \omega_c$，在某一瞬间超声场可近似为静止的，随时间变化的介质分布对衍射光的强度分布没有影响。对驻波超声场，超声场是完全不动的。

在各向同性介质中，当入射角度 θ 满足一定条件时，介质内各级衍射光干涉。若高级衍射光互相抵消，只出现 0 级和+1 级或–1 级衍射，这就是布拉格衍射。此外，超声波频率较高，声光作用长度较大，当光束与超声波波面间以一定的角度斜入射时，光波在介质中要穿过多个声波面，介质具有厚体光栅的性质，此时也会产生布拉格衍射。入射至声波场的平面波经声光介质部分反射产生衍射光，若它们间的光程差为波长的整倍数时，各衍射光相干增强，此时入射角满足一级衍射条件为

$$2\lambda_s \sin\theta_B = \frac{\lambda}{n} \tag{2.1.13}$$

上式即为布拉格条件，对应的角度为布拉格角。布拉格衍射光强度与声光材料特性和声场强度有关。当入射光强为 I_i 时，布拉格声光衍射的 0 级和 1 级衍射光强可依据拉曼-奈斯衍射导出，即 $I_0 = I_i\cos^2(v/2)$，$I_1 = I_i\sin^2(v/2)$。合理选择参数且超声场足够强可使入射光能量几乎全部转移到+1 级或–1 级衍射上。因此利用布拉格衍射效应制成的声光器件可获得较高的效率。

将应变表示为超声功率 P_s 的函数 $S_0 = \left[2P_s / (HL\rho v_s^3) \right]^{1/2}$，并借助于声光介质的品质因数 $M_2 = n_o^6 P_s^2 / (\rho v_s^3)$，布拉格衍射效率可表示为

$$\eta_s = \frac{I_1}{I_i}\sin^2\left(\frac{\pi}{\sqrt{2}\lambda}\sqrt{M_2 P_s L / H} \right) \tag{2.1.14}$$

超声功率 P_s 一定的情况下，欲获得大的衍射光强，需选择 M_2 大的材料，换能器做成 L 大 H 小的长而窄的形状。P_s 改变时衍射效率也随之改变，因而通过控制 P_s 就可以达到控制衍射光强的目的，实现声光调制。

3. 实验仪器

本实验主要仪器有 He-Ne 激光器、声光晶体、超声波换能器、信号发生器、MP4、小孔光阑、信号解调器、示波器、扬声器、功率计等。声光介质、电声换能器、吸声或反射装置及驱动电源等组成声光体调制器。超声发生器产生调制电信号施加于电声换能器的两端电极上驱动换能器工作。调制信号以电信号调幅形式作用于电声换能器转化为以电信号形式变化的超声波，当光波通过声光介质时受到调制而成为携带信息的调制波且被声光介质衍射，衍射光强度随超声波功率而变化。

4. 实验内容

1) 声光晶体衍射的测量

利用信号线将信号发生器与电声换能器相连，借助压电陶瓷片的弹性振动形成超声波。利用信号线将换能器与声光晶体相连。打开激光器，将声光晶体放入光路中并调节其位置使光束入射到声光晶体光通面上，将观察屏放置在声光介质的后方，转动声光晶体，观察观察屏上的光斑的强度和光斑空间分布随转动的变化规律，分析声光晶体衍射的类型。固定声光晶体，观察衍射光斑随时间的变化，用功率计测量衍射级次的强度。

2) 声光晶体工作特性测量

利用信号线将信号发生器产生的正弦信号加载到电声换能器上形成超声波。利用信号线将换能器与声光晶体相连。打开激光器，将声光晶体放入光路中并调

节其位置使光束入射到声光晶体光通面上，将观察屏放置在声光介质的后方。转动声光晶体观察观察屏上的光斑的空间分布和随时间的变化，完成信号的调制。借助小孔光阑让一级衍射光透过，用信号解调器接收透射光强，连接示波器，观察输入信号和输出信号的时间分布，分析声光晶体的工作特性。

3) 晶体的声光调制与解调

利用信号线将外界音频信号与电声换能器相连，借助压电陶瓷片的弹性振动形成超声波。利用信号线将换能器与声光晶体相连。打开激光器，将声光晶体放入光路中并调节其位置使光束入射到声光晶体光通面上，将观察屏放置在声光介质的后方。转动声光晶体使观察屏上的一级光斑的强度最大。借助小孔光阑让一级衍射光透过，用信号解调器接收透射光强，连接扬声器，实现信号的解调。

思考题

(1) 电光调制实验中起偏器和检偏器既不正交又不平行时对实验如何影响?

(2) 如何理解四分之一波片改变工作点时除了线性调制和倍频失真而没有其他失真?

(3) 如何理解声光晶体中的衍射类型随入射条件的变化?

(4) 如何保证声光晶体调节过程中光束垂直入射?

2.2　光纤传输与光纤传感

2.2.1　光纤及其传输特性

光纤是由玻璃或塑料制成的光导纤维，具有尺寸小、质地软、重量轻、耐高温、耐腐蚀、损耗小、频带宽、灵敏性高、电绝缘性能好、抗干扰性强以及制作成本低等良好的性能，因此光纤在通信、医学检测、图像传输、照明、光学探测等诸多领域获得广泛应用。

传统的光纤一般由纤芯和包层组成的双层或纤芯、包层和涂覆层组成的三层同轴圆柱体构成。按照纤芯材料的空间分布，光纤分为阶跃折射率光纤和渐变折射率光纤。限制在光纤中传输的光遵循全反射理论和波导理论。为满足光的全反射条件，光纤的纤芯由少量掺有高折射率掺杂剂的石英玻璃制成，而包层由少量掺有低折射率掺杂剂的石英玻璃制成。为了增加光纤的强度和抗弯性以达到保护光纤的目的，光纤包层外涂覆塑料或树脂保护层，这就是光纤的涂覆层。光纤是光的传输媒介。光在光纤中传输时，由于受到光纤材料、光纤结构、光传输模式和周围环境等诸多因素的影响，光强随着传输距离的增加而衰减，同时光场的相位也随之发生变化。这为光的长距离传输带来较大影响，但同时也为物理量的传感测量提供了便利。

光纤损耗是指光在光纤中传输时的能量衰减，可分为吸收损耗、散射损耗和辐射损耗。吸收损耗主要表现在红外和紫外吸收、氢氧根离子吸收和金属离子的吸收。光照到光纤材料上，若光子能量恰好等于电子能级间的能量差，则光能量将转移给电子使之产生能级跃迁，此时将发生本征吸收。光纤材料中的过渡金属正离子和水分子中的负离子也将引起光的吸收。目前的光纤制造可使杂质金属正离子的影响忽略不计，因此杂质吸收主要是水分子的吸收。杂质吸收集中在 2.73μm 的红外光，本征吸收在紫外区和红外区较为严重。此外，光纤制造时的热经历或γ射线辐射引起的原子缺陷吸收也是引起光纤损耗的原因之一。

散射损耗是光在光纤中传播时遇到不均匀性或不连续介质造成的损耗，有瑞利散射损耗、波导散射损耗和非线性散射损耗。光纤固化时密度及折射率分布会产生比波长小的周期性变化，这种不均匀性造成的本征散射属于瑞利散射。高强度光在光纤中引起的非线性效应，如受激拉曼散射和受激布里渊散射，也将引起散射损耗。此外由于制造或使用过程中光纤侧面受压弯曲引起光纤结构不均匀分布也将引起光波导散射。当光波在纤芯和包层界面上不满足全反射条件时，光波在包层中产生振荡形成包层辐射模式，因此纤芯中的光波能量衰减。同时光纤还存在严重的色散效应进而引起光信号的失真。光信号的衰减和失真将直接影响到通信系统的传输容量、光的有效传输距离和中继站的密度，因此在实际应用中需要掌握光纤的性能和光在光纤中的传输特性。

光纤既可以是光的传输介质，又可以作为信号的传感元件。按照测量原理的不同，光纤传感器有两种类型。一种光信号经过光纤送入调制器，外界参量与进入调制器的光发生相互作用，光束的强度、波长、频率、相位和偏振态等光学性质发生改变，之后再通过光纤形成传输和测量回路。这种光纤传感器中的光纤只作为光的传输媒介。另一种光纤传感器则是利用光纤对环境变化的敏感性，将输入的物理量变换为调制的光信号。如温度、压力、电场、磁场等外界环境因素改变时，光纤中光的强度和相位均会发生变化。这类光纤传感器通常将光束分为两路：一路为基准光路，另一路为测量光路。两路光束发生干涉形成干涉条纹。当外界环境引起测量光路中光纤长度变化或光束的相位变化时，干涉条纹发生移动。通过测量干涉条纹移动计数便可获得被测参量。不难发现，这种光纤传感器中的光纤既是传输介质又是传感元件。利用光纤传感器可实现位移、振动、转动、压力、应变、杨氏模量、速度、加速度、电场、磁场、声场、湿度、温度、浓度和 pH 值等诸多物理量的测量。

2.2.2 光纤传输损耗与耦合系数的实验测量

1. 实验目的

(1) 了解光纤的基本结构及光纤模式。
(2) 熟悉光纤的端面处理操作流程。

(3) 掌握光纤传输损耗和耦合系数的测量方法。

2. 实验原理

为实现光在光纤中的传输，首先需要将激光器发出的光束有效地耦合进入光纤。通常光束与光纤的耦合有直接对准耦合和透镜耦合两种形式。在实际应用中，直接对准耦合由于使用方便成为耦合的首选方案。为提高光束与光纤的耦合效率，直接对准耦合的光纤头需要熔成球形或拉成锥形，改造后的光纤输入端近似起到透镜的作用，光束与光纤的耦合效率可明显提高。直接对准耦合方式由于光纤有限的数值孔径导致其耦合损耗较大。透镜耦合则是指光束经过透镜会聚后进入光纤中，耦合效率高。光束与光纤的透镜耦合示意图如图 2.2.1 所示。

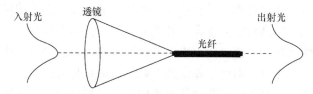

图 2.2.1 光束与光纤的透镜耦合示意图

光束与光纤耦合时，光纤端面的状态直接影响光纤的耦合效率，因此在进行耦合前需要对光纤端面进行处理。光纤端面处理的常见方法有两种：一种方法是使用专用光纤剥离刀进行切割，另一种是通过研磨法对光纤端面进行研磨处理。此外，为保证耦合效率，透镜耦合方式还需要对光路进行严格调节，同时透镜的数值孔径和光纤的数值孔径需要相互匹配。虽然经过透镜会聚后光束与光纤的耦合效率明显提高，但在实际应用中，鉴于透镜耦合中透镜容易损坏且光路调节和组装复杂的现状，这种耦合方式还是受到极大限制。

衡量光源和光纤耦合性能可采用耦合效率来衡量，耦合效率可表示为

$$\eta = \frac{P_{\text{out}}}{P_{\text{in}}} \times 100\% \tag{2.2.1}$$

式中 η 表示耦合效率，P_{in} 为进入光纤中的光功率，P_{out} 为激光器的输出功率。耦合效率反映了进入光纤的光束的多少。

光纤输出端的光功率由于光纤的传输损耗必然小于进入光纤时的光功率，采用光纤输出端的光功率与激光器的输出功率的比值来计算耦合效率必然引起极大的误差，因此在评价耦合效率前需知道光纤的传输损耗。光纤中的光功率随着传输距离的增加逐渐减弱，传输距离越大，功率损耗越大。光纤的传输损耗与光的传输距离 L 成正比。于是光纤的传输损耗系数定义为光波在光纤中传输单位距离所引起的损耗，常以传输短距离处的光纤输出功率和传输长距离处的光纤输出功率之比的对数表示

$$\alpha(\lambda) = \frac{1}{L} 10 \lg \frac{P_1}{P_2} \tag{2.2.2}$$

式中 α 表示传输损耗系数，P_1 为传输短距离处的光纤输出功率，P_2 为传输长距离处的光纤输出功率。光纤的传输损耗系数的单位为分贝每千米(dB/km)。光纤的传输损耗由许多因素引起，包括光纤本身的损耗和用作传输线路时的损耗。考虑到光纤的传输损耗与所传输的光波波长有关，用依赖于波长的传输损耗系数表示传输损耗的大小。光纤传输损耗有截断法、介入损耗法和背向散射法等多种测量方法。

截断法是直接利用光纤传输损耗系数的定义来测量光纤传输损耗的方法，是国际电报电话咨询委员会(CCITT)规定的基准测试方法。在不改变输入条件下分别测出长光纤的输出功率和短光纤的输出功率，按照公式(2.2.2)计算传输损耗系数。这种测量方法精度最高，但它是一种破坏性的方法。介入损耗法原理与截断法类似，只是用带活动接头的连接线替代短光纤进行参考测量，计算在预先相互连接的注入系统和接收系统之间由于插入被测光纤引起的光功率损耗。显然光功率的测量没有破坏光纤，但由于连接的损耗会给测量带来误差，因此这种方法的准确度和重复性不如截断法。背向散射法则是通过光纤中的反向散射光信号提取光纤传输损耗的一种间接测量方法。将待测的光纤样品插入专门的仪器就可获得损耗信息，但这种专门的仪器设备(如光时域反射计)的价格昂贵。

3. 实验仪器与实验装置

本实验主要仪器有 He-Ne 激光器、透镜、功率计、光纤、光纤刀、光纤剥线钳、五维调节架、光纤加持夹和米尺。光纤传输参数测量的实验装置如图 2.2.2 所示。光纤刀和光纤剥线钳用于光纤端面的处理。He-Ne 激光器输出的激光经过透镜会聚后入射到光纤的端面上。光纤的一端放置在五维调节架上，另一端固定在光纤加持夹中。利用功率计测量激光器的光功率和光纤的输出功率。

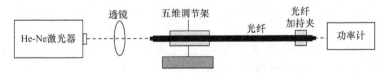

图 2.2.2　光纤传输参数测量的实验装置

4. 实验内容

1) 光纤端面处理

首先要对光纤端面进行处理。截取一段光纤，用光纤剥线钳剥去光纤两端的涂覆层。用光纤刀将剥去涂覆层的纤芯于端面两毫米处轻轻刻划，并在刻划处弯曲纤芯使之断裂。处理过的光纤端面不能再被触摸以免损坏和污染。将处理好端面的光纤一端放入光纤加持夹中，光纤头伸出的长度约 3～5mm，用弹簧片压住后放入五维调节架中，用锁紧螺钉锁紧以便耦合使用。然后将光纤的另一端进行端面处理，处理后的光纤放入光纤加持夹中固定，光纤头伸出的长度约 3～5mm，以备测量使用。

2) 光源-光纤耦合与光纤传输模式测量

根据图 2.2.2 所示的实验装置搭建光路。打开激光器，调节透镜的高度，用一张白纸在激光器正前方前后移动，确定激光焦点的位置。移动光纤调节架并调整该调节架的高度，使光纤端面尽量逼近焦点。仔细调整光纤调节架旋钮和激光器调节架旋钮，使激光照亮光纤端面并耦合进入光纤。在良好的耦合状态下，光纤输出光强大，输出的光斑是均匀和对称的。轻轻转动各耦合调节旋钮，观察光斑形状变化。轻轻触动或弯曲光纤，观察光斑形状变化。根据光纤的光输出特性确定光纤的类型和传输模式。

3) 光纤传输损耗和耦合系数测量

将功率计探头靠近激光器，读出激光器的输出功率。将端面处理后的光纤置于光路中，调整光纤调节架使光束耦合进入光纤。反复调整各旋钮直到光纤输出光强最大，用功率计记录光纤的输出功率。然后在光纤输出一端截去一段光纤，端面处理后用功率计记录光纤的输出功率，并用米尺测量截掉的光纤长度。根据公式(2.2.1)和(2.2.2)计算光纤传输损耗和耦合系数。

2.2.3　光纤压力传感和温度传感实验

1. 实验目的

(1) 了解马赫-曾德尔干涉仪的原理和用途。
(2) 掌握光纤耦合方法和光纤传感原理。
(3) 熟练搭建光纤光路进行压力传感和温度传感。

2. 实验原理

光纤对外界环境的变化非常灵敏,利用光纤对环境变化的敏感性可实现温度、压力、电场、磁场等物理量的传感测量。由于不受高压、高温、电磁干扰和其他恶劣环境的影响，因此光纤传感有广阔的发展和应用前景。光纤传感的原理常借助于双光束的干涉来完成。马赫-曾德尔干涉就是双光束干涉的典型实例。马赫-曾德尔干涉仪的工作原理如图 2.2.3 所示。激光经分束器分成两束光，这两束光再经另一分束器后发生干涉。干涉条纹依赖于两束光的波长和夹角。当两光束夹角较小时，干涉条纹的间距与探测器间的距离成正比。通常经放大镜放大后，干涉条纹便清晰可见。

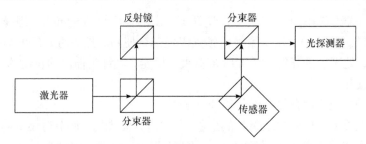

图 2.2.3　马赫–曾德尔干涉仪的原理图

干涉光场的光强可表示为

$$I = I_0(1 + \cos\Delta\varphi) \tag{2.2.3}$$

式中 I_0 为平均光强，$\Delta\varphi$ 对应于干涉仪两臂的相位差。当干涉仪中的传感元件受到外界参量调制时，传感元件所在光路的光程将随之发生改变，进而引起干涉仪两臂相位差的改变，最终在光探测器上可观察到干涉条纹的移动。

用光纤代替马赫–曾德尔干涉仪的反射器和空气间隙，用 1×2 的光纤分束器替代光学分束器，便构成了光纤型马赫–曾德尔干涉仪。这种干涉仪可用于制作光纤型光滤波器、光开关等多种无源器件和传感器，在光通信和光传感领域有广泛的用途。改变光纤型马赫–曾德尔干涉仪中一条光纤的温度或者压力，可使光纤折射率和长度发生变化，干涉仪两臂相位差发生改变。

温度变化引起的单位长度光纤的相位变化可表示为

$$\frac{\partial\varphi}{L\partial T} = \frac{2\pi}{\lambda}\left(\frac{n}{L}\frac{\mathrm{d}L}{\mathrm{d}T} + \frac{\mathrm{d}n}{\mathrm{d}T}\right) \tag{2.2.4}$$

式中 n 为光纤折射率，L 为光纤长度，$\mathrm{d}n$ 为温度变化时光纤折射率的改变，$\mathrm{d}L$ 为温度变化时光纤长度的改变。干涉仪中一路光的相位随温度的改变必将引起干涉条纹的移动。移动条纹的条数与温度变化相对应，根据这一对应关系可实现温度的测量。同理，当光纤干涉仪的一路光纤上加载压力时，光纤的长度和折射率也发生变化，从而引起干涉仪两臂相位差的改变。如果上式中右侧第一项为感压光纤折射率的改变，第二项为感压光纤长度的改变，则单位压强变化引起的单位长度光纤的相位变化也可得到相似的表达式。

3. 实验仪器

本实验主要仪器有 He-Ne 激光器、透镜、带连接器的光纤、光纤刀、光纤剥线钳、五维调节架、光纤耦合器、反射镜、光功率计、压力盒、温控盒、带有刻度的观察屏。图 2.2.4 给出了光纤压力和温度传感的工作原理图。

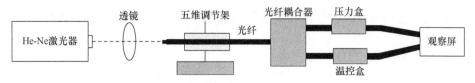

图 2.2.4　光纤压力和温度传感的工作原理图

4. 实验内容

1) 光纤-光纤耦合

将接有连接器的光纤自由端进行端面处理，将处理好端面的光纤一端放入光纤加持夹中，用簧片压住后放入五维调节架中，用锁紧螺钉锁紧。打开激光器，调节透镜的高度，确定激光焦点的位置。移动光纤调节架和调整该调节架的高度使光纤端面逼近焦点。仔细调整光纤调节架旋钮和激光器调节架旋钮，使激光照亮光纤端面并耦合进入光纤。利用光功率计测量光纤的输出功率，调至光纤输出功率最大后插入光纤耦合器的输入端，再将两根长度基本相等的光纤端面处理后接入连接器，形成光纤耦合器的输出端。利用光功率计测量两光纤的输出功率，分析光纤耦合器的光学性能。

2) 马赫-曾德尔干涉仪的搭建

按照图 2.2.3 所示的实验装置搭建光路。将接有连接器的光纤与激光束进行耦合，将光纤输出端插入光纤耦合器的输入端，并将另两根长度基本相等的光纤端面处理后接入光纤耦合器的输出端。调整耦合器输出端两根光纤的相对位置，使输出光束汇合产生干涉条纹，完成马赫-曾德尔干涉仪的搭建。在双光束干涉区域放置带有刻度的观察屏，观察条纹的形状、周期和对比度。为了清晰分辨干涉条纹，可在干涉光路中放置反射镜改变光束传输路径，在有限空间中增加光束的传输距离，进而增大两光束干涉条纹的间距。此外，也可采用放大镜对干涉条纹进行放大，方便观察和测量。

3) 光纤压力传感的实验测量

在两光纤搭建的马赫-曾德尔干涉仪装置中，将光纤耦合器输出端的一路光纤通过压力盒。调节压力旋钮改变施加在光纤上的压力，借助观察屏观察干涉条纹的变化。增加压力的大小，记录条纹移动的方向和条数。减小压力的大小，记录条纹移动的方向和条数。分析压力变化与条纹移动的对应关系，评价光纤压力传感的灵敏度。

4) 光纤温度传感的实验测量

在两光纤搭建的马赫-曾德尔干涉仪装置中，让光纤分束器输出端的一路光纤通过温控盒，调节温度按钮改变光纤的环境温度，借助观察屏观察干涉条纹的变化。升高温控盒的温度，记录条纹移动的方向和条数；降低温控盒的温度，记录条纹移动的方向和条数。分析温度变化与条纹移动的对应关系，评价光纤温度传感的灵敏度。

思考题

(1) 分析光纤传输性能实验中，轻触或弯曲光纤时观察的光斑形状发生变化的原因。

(2) 光纤传输性能实验中光纤输出功率与光纤的弯曲程度是否有关？

(3) 光纤传输性能实验中截断法测量的光纤传输参数是否与截掉的光纤长度有关？

(4) 光纤传感实验中干涉条纹的形状是否随着两光纤相对位置的改变而变化？

(5) 光纤传感实验中如何提高压力传感和温度传感的灵敏度？

(6) 光纤传感实验中如何减小压力传感和温度传感的测量误差？

2.3　光通信与波分复用

2.3.1　光通信与波分复用技术

光通信是以光波为载波的通信，具有抗电磁干扰性能好、保密性好以及节能环保等优势。按照通信介质的不同，光通信可分为光纤通信和自由空间光通信。自由空间光通信是基于大气中激光传输原理进行信号传输。由于大气对信号的强烈吸收，大气通信常用于近距离传输，如数据网、电话网、微蜂网及微微蜂窝网的入网应急设备，以及不便铺设电缆和光缆的场合。大气通信主要完成点到点或点到多点的信息传输。自由空间通信系统设备小巧，并且激光器、放大器和接收器可安置在普通房顶、窗户或是其他任何合适地点，工作时以点到点方式通过自由空间便能安全有效地传送声音、图像和视频等信号，可用在一些受地理环境或成本因素影响而不能铺设光纤网的地区。若要实现远距离空间光通信，除了需要高质量大功率激光器外，还需要解决快速、精确捕获、跟踪和瞄准等关键技术。

光纤通信则通过光纤作为传输媒介进行信号传输。由于光纤具有很低的损耗系数，若配以适当的光发送与光接收设备可使光信号传输数百千米以上。为确保信号无失真传输更长的距离，可设中继站对传输中的信号进行再生放大处理和保真去噪处理，进而保证信号的传输质量。光纤通信具有频带宽、传输容量大、损耗小、中继距离长、重量轻、体积小等特点。最基本的光纤通信系统由数据源、光发送端、光学信道和光接收机组成，其中数据源可以是声音、图像、数据等经过信源编码所得到的信号。光发送机和调制器则需要将信号转变成适合于在光纤上传输的光信号。光学信道包括最基本的光纤和中继放大器。光接收机接收从光纤输出的信号并从中提取信息，然后转变成电信号从而得到对应的声音、图像、数据等信息。图 2.3.1 给出了典型的光纤通信系统结构示意图。

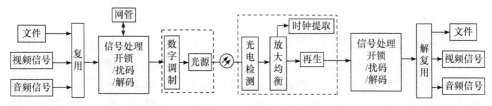

图 2.3.1 典型的光纤通信系统结构示意图

通信业务的爆炸式增长对传输速率和传输容量的要求急剧提高。如果在一条光纤里传输多种波长的光信号，而这些光信号之间彼此又互相不干扰，这样既节省成本又提高了传输带宽，因此这是光纤通信发展的必然趋势。光波分复用技术就是将多个波长信道复用在一条光纤里传送，每个波长的信道都承载独立的传输信号。在光波分复用的信号发送端，多个信号分别调制光载波，然后同时耦合进入光纤，在接收端可用外差检测的相干通信方式或调谐无源滤波器直接检测的常规通信方式实现光信道的选择。波分复用克服了传统的时分复用中扩容方法的极限容量、设备价格高和光纤色散影响严重等问题的限制，有效改善信息传输效率并提高传输容量。光波分复用能适应快速增长的数据通信业务的需求，可以大大提高光纤网络的容量和灵活性。

随着点到点的波分复用系统及相关技术的日趋完善，人们不再仅仅满足于简单地扩大传输容量，而是着眼于通信网络的全光化即全光网。在全光网中，信号的传输、复用、放大、选路和交换等都在光域上进行。在骨干网节点及本地接入中，常常会遇到下路波长信道或者复用上路信号，此时信道的变化不能影响其他波长信道的通过。光分插复用技术就是可以从传输光路中有选择地上下本地接收和发送某些波长信道的技术，信道的上路和下路均不影响其他波长信道的传输。它的工作过程可简单描述为波分复用中多个波长信道进入分插复用的输入端，有选择性地从下路端输出所需的波长信道，相应地从上路端输入所需的波长信道，而其他与本地无关的波长信道就直接通过分插复用器和上路波长信道复用在一起，最后从分插复用器的线路输出端输出。

2.3.2 波分复用与信号传输的实验验证

1. 实验目的

(1) 了解薄膜型复用器和光栅型解复用器的工作原理。

(2) 熟悉激光内调制和利用声光调制器对激光进行外调制的基本原理和实现

方法。

　　(3) 掌握光纤通信与波分复用技术的工作原理。

　　(4) 能灵活搭建光纤通信光路实现多路信号的并行传输。

　　2. 实验原理

　　波分复用技术就是利用光纤低损耗区的巨大带宽，以不同的波长作为传输光信号的信道，将多个信道的光信号在发送端通过复用器或合束器合并为一束光耦合进一根光纤进行传输。在接收端再由解复用器或分束器将这些不同波长信道的光信号分开来，信号处理后恢复出原信号后送入不同的终端。波分复用和解复用的示意图如图 2.3.2 所示。

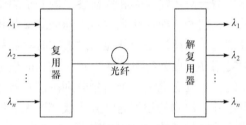

图 2.3.2　波分复用和解复用示意图

　　由于光波具有互易性，改变光的传播方向，复用器和解复用器可以相互转化。按照功能的不同，解复用器要求是波长选择性的元件，但复用器不做任何要求。根据波长选择机理的不同，解复用器可分为有源型解复用器和无源型解复用器两种类型。有源型解复用器由无源器件和可调谐探测器组成。无源解复用器可分为棱镜型解复用器、光栅型解复用器、薄膜滤波型解复用器以及双锥型解复用器等类型。

　　棱镜型解复用器是指多波长信号经透镜准直后入射到三棱镜的输入面，光进入棱镜后发生折射，由于棱镜对不同波长的光有不同的折射角，因此不同波长的光在棱镜中随着传输过程的进行逐渐分离。当这些光从棱镜进入空气中时再一次发生折射，复用光束完全分开，最终完成解复用。光栅型解复用器是指多波长的复合信号经透镜聚焦到光栅上，光栅对复合信号光衍射。由于不同波长的光的衍射角不同，衍射后的不同波长的光便从复合信号分解开来。分解后的光信号经透镜聚焦到各自的信号通道中，最后完成解复用。棱镜型解复用器和光栅型解复用器的工作原理如图 2.3.3 所示。本实验中采用光栅型解复用器实现不同波长光信号的分离。

　　3. 实验仪器与实验装置

　　本实验主要仪器有三基色半导体激光器、显微物镜、光栅、薄膜透反镜、光

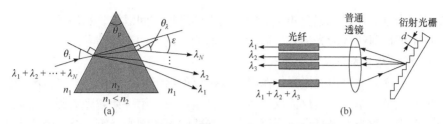

图 2.3.3　(a)棱镜型解复用器和(b)光栅型解复用器的工作原理

纤、声光调制器、斩波器、信号解调器、示波器、扬声器、MP4、五维调节架、光纤加持夹和米尺。波分复用和信号传输实验装置示意图如图 2.3.4 所示。三个半导体激光器输出的不同波长的光，分别利用内调制和外调制对三路光进行信号加载，其中外调制分别采用声光调制器和斩波器实现。加载信号后的三路光经薄膜透反镜和显微物镜准直合成为同轴复合光束。调节五维调节架将三路光耦合进入光纤。经光纤传输后的复合光再经光栅解复用器进行分离。分离后的光信号被探测器接收，经过扬声器以及示波器恢复加载的信号。

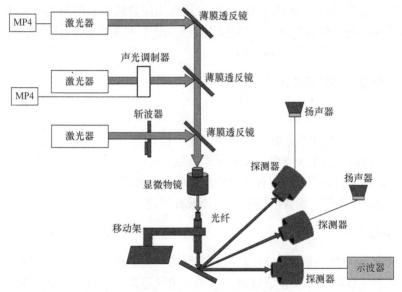

图 2.3.4　波分复用和信号传输实验装置示意图

4. 实验内容

1) 音频信号的声光调制与解调

将 MP4 数据线与声能转换器的输入端口连接，MP4 播放的音频信号通过声能转换器变为超声波。用信号线连接声能转换器输出端和声光晶体，加载到声光晶体上的超声波调制声光晶体形成光栅。转动声光晶体，调节激光入射角，观察声光晶体光栅的衍射光强分布。借助小孔光阑进行空间滤波，利用探测器测量声光晶体不同衍射级次的光信号，通过扬声器检测输出的音频信号。

2) 复合光束的合成与光纤耦合

第一台激光器输出的激光经薄膜透反镜反射后形成主光路。第二台激光器输出的激光经第二个薄膜透反镜反射后沿主光路传输，第一束激光顺利通过第二个薄膜透反镜，两光束进行合成。第三台激光器输出的激光经第三个薄膜透反镜反射后沿主光路传输，第一束激光和第二束激光顺利通过第三个薄膜透反镜，三光束进行合成。合成后的三束激光经过显微物镜进行准直，移动五维调节架，将光束耦合进入光纤。分别观察光纤输出的不同波长光的强度，调整调节架使三光束的输出均达到最大值。

3) 光栅解复用与信号探测

光纤输出端的复合光经显微物镜聚焦后入射到光栅上，转动光栅改变光束入射角，观察不同波长的激光衍射分布图样。不断调节光栅转角使不同波长的光完全分离，然后将探测器靠近完全分离后的各波长激光，检测不同波长激光的载波信号。利用扬声器释放加载的音频信号，辨析两路音频调制的激光有无串扰。利用示波器观察斩波器处理后获得的脉冲信号，改变斩波器的调制频率，观察输出信号的频率是否与调制信号频率相同。

2.3.3 分插复用与信号传输的实验验证

1. 实验目的

(1) 了解分插复用技术在光网络中的重要性。

(2) 熟悉光通信系统光电转换的基本方法。

(3) 掌握自由空间通信与分插复用技术的工作原理。

(4) 能灵活搭建可配置分插复用选择波长通道。

2. 实验原理

在波分复用中，需要光分插复用器在保持其他信道传输不变的情况下，将某些信道取出或者将另外一些信道插入。光分插复用器又称为分插滤波器，这样的器件也对应着波分复用和解复用。目前光分插复用器有声光可调谐滤波器、体光栅、阵列波导光栅、光纤布拉格光栅、多层介质膜等多种类型。根据可实现上下波长的灵活性，光分插复用器可分为固定波长光分插复用器、半可重构光分插复用器和完全可重构光分插复用器。图 2.3.5 给出了两种分插复用器的结构图，其中图 2.3.5(a)给出了固定波长的分插复用器，这一结构可在光路上设置无源分路器，完成复用、交换、解复用等功能实现上或下信道，图 2.3.5(b)则给出了利用光环形器实现的光分插复用，这一结构能实现波长可选择的分插滤波。

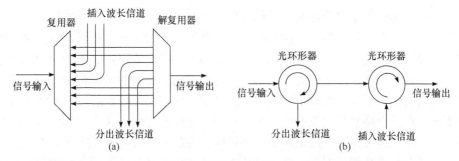

图 2.3.5　(a)固定波长的分插复用器和(b)波长可选择的分插复用器示意图

固定波长分插复用器和半可重构分插复用器已应用于通信系统中,而在大型网络节点中可以上下任意波长信道的完全可重构分插复用器实现起来还有一定难度。从分插复用器实现的具体形式来看,主要包括分束合束器开关和光纤光栅开关两大类。分束合束器开关结构采用分束合束器的分束与合束、分插复用器的直通以及光开关或光开关阵列的上下切换来实现。这种结构的支路与群路间的串扰由光开关决定,波长间串扰由分束合束器决定。由于分束合束器的损耗一般都比较大,所以这种结构插损较大。目前分束合束器多采用体光栅、多层介质膜和阵列波导光栅等器件。

多层介质膜分插复用器是由多个等效为法布里-珀罗谐振腔的多层介质膜级联构成。每个法布里-珀罗腔的透过波长是不同的,多层介质膜分插复用器就是根据这一特点来实现解复用功能,其优点是顶带平坦、波长响应尖锐、温度稳定性好、损耗低和对信号的偏振性不敏感,因此在商用系统中广泛应用。但由于多层介质膜分插复用器要通过透镜与光纤相连,因而光纤耦合需要精确校准,另外多层介质膜分插复用器稳定性也受到环境温度的影响,因此在生产与复制过程中难以保证通带中心波长的精确控制。

体光栅属于角色散型器件。它首先在玻璃衬底上沉积环氧树脂,再在环氧树脂上制造光栅线,从而构成反射型闪耀光栅。入射光照射到光栅上后,由于光栅的角色散作用,不同波长的光以不同角度反射,然后经透镜会聚到不同的输出光纤,从而完成波长选择作用。由于体光栅具有三维立体结构,不易制造,因此体光栅价格昂贵。阵列波导光栅将光束从普通的星型耦合器的任何一处输入且都能将光束传到所有输出端,没有任何波长选择性。阵列波导光栅中任何工作频段内的输入光都将从一个确定的端口输出,这样就可以实现光信号的复用和解复用。阵列波导光栅的特点是结构紧凑、价格便宜、信道间隔更窄,适用于多信道的大型节点。阵列波导光栅需要解决的问题有偏振的影响、温度的影响、光纤的连接与耦合等。

光纤布拉格光栅是使用紫外光干涉在光纤中形成周期性的折射率变化制成的

光学器件，其优点是可直接写入通信光纤，生产重复性高，成本低可批量生产，易于与各种光纤系统连接且连接损耗小，以及波长、带宽、色散可灵活控制。存在的主要问题是受外界环境的影响较大，如温度、应变等因素的微小变化都会导致中心波长的漂移。干线波分复用信号经开关选路，每路的光栅对准一个波长，被光栅反射的波长经环行器下路到本地，其他的干线信号波长通过光栅经环行器跟本地节点的上路信号波长合波，继续在干线上向前传输。这个方案可以根据开关和光栅来任意选择上下路的波长，使网络资源的配置具有较大的灵活性。由于每个光纤布拉格光栅只能下一路波长信道，鉴于生产成本的原因，这种结构只能适用于上下路不多的小型节点。

3. 实验仪器

本实验的主要仪器有三基色半导体激光器、显微物镜、光栅、薄膜透反镜、光纤、声光调制器、斩波器、信号解调器、示波器、扬声器、MP4、五维调节架、光纤加持夹等。

4. 实验内容

1) 复合光束的合成与自由传输

第一台经内调制的激光器输出的激光经薄膜透反镜反射后形成主光路。第二台激光器输出的激光利用声光调制加载音频信号，然后经第二个薄膜透反镜反射后沿主光路传输，第一束激光顺利通过第二个薄膜透反镜，两光束进行合成。第三台激光器输出的激光经斩波器加载脉冲信号，然后经第三个薄膜透反镜反射后沿主光路传输，第一束激光和第二束激光顺利通过第三个薄膜透反镜，三束光进行合成，合成后的三束激光通过大气自由传输。

2) 介质膜分插复用器与上下信道

根据选择输出波长，将对应此波长全反射的薄膜透反镜插入复合光的传输光路中，特定波长的光经薄膜透反镜透反后进入并沿着主光路传输，其他光束仍自由通过，实现光束的自由上路。此外，特定波长的光经薄膜透反镜透反后也可离开主光路传输，其他光束仍自由通过，实现光束的自由下路。但由于对特定波长的光全反射的薄膜透反镜也对其他波长产生反射和透射，在光束下路的过程中会引起其他光束的耦合输出。

3) 光栅与信号的解复用

将下路的复合光入射到光栅上，转动光栅改变光束入射角，观察不同波长的激光衍射分布图样。不断调节光栅转角使不同波长的光完全分离，然后将探测器靠近完全分离后的各波长激光，检测不同波长激光的载波信号。利用扬声器释放加载的音频信号，辨析两路音频调制的激光有无串扰。利用示波器观察斩波器处理后获得的脉冲信号，改变斩波器的调制频率，观察输出信号的频率是否与调制信号频率相同。

思考题

    (1) 分析波分复用实验中影响信号解复用的声音串扰的原因。

    (2) 光纤通信中能否实现可配置分插复用？

    (3) 声光调制信号加载时能否使用声光调制器的零级衍射？

    (4) 如何解决因光纤输出光束发散引起光栅衍射中不同波长衍射光斑的重叠问题？

第 3 章 光电转换原理

3.1 光敏电阻与可控电位器

3.1.1 光电效应

光照射到材料上引起材料的电学性质发生变化，这类光变致电的现象统称为光电效应。实际上光电效应就是指入射光的光子与物质中的电子相互作用并诱导产生载流子，它把光和电这两种物理量联系起来。根据光电效应在材料中发生部位和性质的不同，光电效应分为外光电效应和内光电效应。

外光电效应是指发生在材料表面上的光电转换现象。当光波照射到对光灵敏的材料上时，光子的能量可以被该材料中的电子吸收，电子吸收光子的能量后动能增加。如果电子的动能增大到足以克服原子核对它的吸引，电子就能逸出金属表面成为光电子进而形成光电流。单位时间内入射光子的数量越大，逸出的光电子就越多，光电流也就越强，这种光和物质中的电子相互作用使电子从材料表面逸出的现象称为外光电效应，也称为光电发射效应。能够产生光电发射效应的物体称为光电发射体。光电发射效应是真空光电器件中光电阴极的工作基础，基于这一效应的光电器件有光电倍增管和真空光电管。

光电发射效应遵从光电效应第一定律和光电发射第二定律。光电效应第一定律是指，当照射到光电阴极上的入射光频率或频谱成分不变时，饱和光电流即单位时间内发射的光电子数目与入射光强度成正比。光电发射第二定律是指，如果发射体内电子吸收的光能量大于发射体表面逸出功，电子以一定速度从发射体表面发射，光电子离开发射体表面时的初动能随入射光的频率线性增长，而与入射光的强度无关。

内光电效应指发生在材料内部的光电转换现象，特别是半导体内部载流子产生的光电导效应和光伏效应。光伏效应则是 PN 结受到光照时产生电势差的现象。PN 结受到光照时，由于空间电荷区内电子空穴对的激发，这些载流子在 PN 结内建电场的作用下向两侧漂移，因此空间电荷区耗尽层变窄，PN 结的两端产生电势差。光伏效应是一种典型的内光电效应，基于该效应的器件有光电池、光敏二极管和光敏三极管。此外，不均匀半导体或半导体与金属组合部位在光照射下也会产生电势差，且产生电势差的机理有多种，但最主要的原因还是存在阻挡层。

光电导效应是光照变化引起半导体材料电导变化的现象。当光照射到半导体材料时，材料吸收光子的能量，使得非传导态电子变为传导态电子，引起载流子浓度增大，从而导致材料电导率增大。基于这种效应的光电器件有光敏电阻。光敏电阻通常是在陶瓷或硅衬底上沉积一层半导体材料制成，外覆一层透明树脂构成光学透镜用于光的聚焦。光敏电阻的阻值与所用材料和制作工艺等相关。常用作光敏电阻的典型材料有硫化镉和硒化镉两种。光敏电阻的沉积膜面积越大，受光照后的阻值变化也越大，故通常将沉积膜做成弓字形，以增大其受光面积，光敏电阻的基本结构如图 3.1.1 所示。

光敏电阻的电阻值有较宽的动态范围，在无光和有光之间有若干倍的变化，且具有很低的噪声失真。此外，光敏电阻具有 50～400V 的最大使用电压，适合 120V/240V 交流电使用。光敏电阻既可用于直流电路，也可用于交流电路。光敏电阻典型的应用有摄像机曝光控制、幻灯机自动聚焦、色度测试设备、显像密度计等模拟电路的应用和自动灯调光器、液灯控制、燃油器火焰信号输出、街灯控制、位置传感器等数字电路的应用。

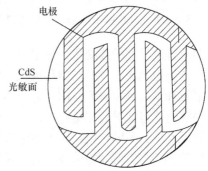

图 3.1.1　光敏电阻的基本结构

3.1.2　光敏电阻工作特性实验

1. 实验目的

(1) 了解光敏电阻的基本工作原理。
(2) 熟悉光敏电阻的光电导特性。
(3) 掌握光敏电阻的频率响应特性。

2. 实验原理

半导体材料在光作用下，内部的电子吸收光子能量从键合状态过渡到自由状态，导致材料电导率的变化。光敏电阻又称光导管，是典型的光电导效应器件，具有很高的阻值。光敏电阻受光照时，若光子的能量大于材料禁带宽度，光敏电阻价带中的电子吸收光子能量后跃迁到导带，激发出可以导电的电子空穴对。光越强激发出的电子空穴对越多，光敏电阻的电阻值越低。光照停止后，光敏电阻内的自由电子与空穴复合，电阻恢复原值。因此光敏电阻是一个纯电阻器件，光敏电阻的暗电阻一般为兆欧姆量级，亮电阻在千欧姆以下。

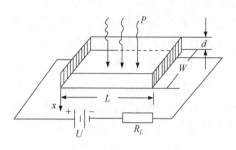

图 3.1.2　光敏电阻的工作原理示意图

当光敏电阻两端加上电压 U 后，如图 3.1.2 所示，光电流可表示为

$$I = \frac{A}{d}U(e\Delta p\mu_p + e\Delta n\mu_n) \qquad (3.1.1)$$

其中括号中的 $e\Delta p\mu_p + e\Delta n\mu_n$ 表示光敏电阻电导率的改变量，e 为电子电量，Δp 为空穴浓度的改变量，Δn 为电子浓度的改变量，μ 表示迁移率，A 为与电流垂直的表面面积，d 为两电极间的距离。在一定光照下，电导率的改变量为恒定值，光电流 I 与外加电压 U 呈线性关系，电压越大光电流也越大，且没有饱和现象。但任何光敏电阻都有最大额定功率、最高工作电压和最大额定电流，因此电压不能无限地提高。如果超过最大工作电压和最大额定电流可能导致光敏电阻损坏。对不同的光波长，光敏电阻的相对灵敏度也不同。此外，不同材料由于光电响应不同，光敏电阻的相对灵敏度也不同。光敏电阻的光谱灵敏度和峰值波长与所采用的材料和掺杂浓度有关。

如果外界光照的强度随着时间变化，光敏电阻的阻值也随着发生变化。当光照强度增大时，光敏电阻的阻值随之减小；相反，当光照强度减小时，光敏电阻的阻值随之增大。实际上，光敏电阻随外界光照的变化并非立即响应。光照下光敏电阻的光电流要经历一段时间才达到最大饱和值，光照停止后光电流也要经历一段时间才下降到零。这就是光敏电阻光电响应的弛豫现象。常用时间常数来描述光敏电阻响应时间的长短，光敏电阻的时间常数在 $10^{-6}\sim1\text{s}$ 的量级。实验表明光敏电阻的响应时间与前历时间有关，在暗处放置时间越长，响应时间越长，弱光照射下光敏电阻的响应时间长，强光照射下光敏电阻的响应时间短。由于不同材料的光敏电阻有不同的响应时间，因而它们的频率特性也不同。光照强度变化较快时，光敏电阻的阻值由于弛豫效应无法跟上光照的变化，光敏电阻阻值的变化范围将明显下降。

3. 实验仪器与光电元器件

本实验主要仪器有信号发生器、光敏电阻、固定阻值电阻、带插头的电线、电源、电容器、运算放大器、发光二极管、电压表、电流表、示波器等。

4. 实验内容

1) 光敏电阻的光电特性实验测量

利用发光二极管、光敏电阻、固定阻值电阻、电源进行电路设计。将发光二极管的电流调制信号设置为直流信号，将光敏电阻与固定阻值电阻和电源连接形成简单电路，把直流电压表与光敏电阻并联，将电流表与光敏电阻串联，将发光二极管正对光敏电阻的受光面放置。调节发光二极管静态驱动电流即光源驱动电流电位器，电流调节范围为 0~20mA，记录电压表和电流表的输出，计算光敏电阻的阻值，画出光敏电阻阻值与入射光信号驱动电流的关系曲线。

2) 光敏电阻的频率响应的实验测量

利用发光二极管、光敏电阻、固定阻值电阻、电源进行电路设计。将发光二极管的电流调制信号设置为直流信号且调至为 5mA 或 10mA，然后设置为正弦调制信号，改变发光二极管驱动电流的幅度和频率，观察发光二极管的光信号输出。将光敏电阻与固定阻值电阻和电源连接形成简单电路。用示波器测量光敏电阻的输出电压，保持输入正弦信号的幅度不变，调节发光二极管驱动电流的频率，观察光敏电阻的频率响应，测量光敏电阻的最大响应频率。

3.1.3　光敏电阻与可控电路设计实验

1. 实验目的

(1) 熟悉光敏电阻的工作特性。
(2) 掌握光敏电阻在电位器、信号振荡器和光控电路中的应用。
(3) 熟练搭建光路进行光敏电阻应用的电路设计。

2. 实验原理

光敏电阻的阻值随着光照的变化而变化，因此光敏电阻可作为可变电阻使用。基于光敏电阻的阻值随光照的变化这一特性，将光敏电阻与固定电阻串联接入电路中，光敏电阻的阻值的变化可改变固定电阻两端的电压，由此获得可控电位器。图 3.1.3 给出了光敏电阻用作可控电位器的电路设计和可控电位器工作原理示意图。光敏电阻 R_m 与电阻 R_1 串联后与电源相接形成简单的串联电路，R_1 两端输出电压可表示为 $V_0 = \varepsilon R_1/(R_1 + R_m)$。当光照改变时，光敏电阻 R_m 阻值改变，R_1 两端输出电压改变，因此输出电势 V_0 可通过光敏电阻阻值的调节进行调控。

阻值随着光照变化的光敏电阻可用于放大比例可调的电压放大器的设计。图 3.1.4 给出了光敏电阻用作电压比例放大器的工作原理示意图。需要放大的电压信号从运算放大器的反相输入端输入，运算放大器的同相输入端接地，则反相端电压为零。固定电阻 R_1 左边电压为 V_i，右边电压为零。因存在电势差就有电流流过固定电阻 R_1。由于运算放大器的输入阻抗为无穷大，几乎没有电流流进运算放大器，因此电流会流过光敏电阻 R_m，且光敏电阻上的电压值为 $V_0 = V_i R_m/R_1$。由于输出端比反相输入端的零电势低，所以输出电压应为负压，即 $V_0 = -V_i R_m/R_1$。

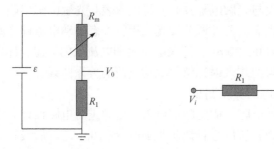

图 3.1.3　光敏电阻可控电位器示意图　　　图 3.1.4　光敏电阻比例放大器示意图

　　光敏电阻因阻值随着光照变化的可变电阻特性也可用于可控 RC 振荡电路的设计。振荡电路一般由放大电路、选频网络、正反馈网络和稳幅环节构成。刚接通电源时 RC 电路中存在电扰动，通过选频网络的反馈产生比较大的反馈电压。通过线性放大和反馈的不停循环，振荡电压就会不断增大。振荡幅度的增长过程不可能永无止境地延续下去，当放大器逐渐由放大区进入饱和区或截止区，其增益因工作于非线性状态逐渐下降，放大器增益下降导致环路增益下降，振幅增长过程将停止。振荡器正反馈网络和稳幅环节达到平衡。

　　图 3.1.5 给出了光敏电阻用作可控频率振荡器工作原理示意图。刚接通电源时，RC 电路中的电扰动产生反馈电压。经过反相器，高电压变为低电压，通过多次反馈，电容器不断实现充电、放电、反向充电和反向放电的循环，形成稳定振荡。调节 RC 振荡电路中反相器的电压阈值，可使 RC 振荡电路的振荡频率表示为电阻阻值和电容乘积的倒数，即 $f = 1/(R_m C)$。当光敏电阻的光照强度变化时，图中输出信号的频率将随着光敏电阻的变化而变化，因此电路中的光敏电阻可实现振荡信号频率的调谐。实际中，当电源电压波动时，该电路的振荡频率呈现不稳定的现象。为了减小电源电压变化对振荡频率的影响，可在第一个反相器前增加一个补偿电阻，从而起到稳频的作用。

　　光敏电阻也可用于可控光照明电路的设计。可控光照明电路是根据日照强度的变化实现电路的通断。因此通过光敏电阻阻值的改变可控制电路中的电势，进而操控光开关。图 3.1.6 给出了光敏电阻用作光控电路中发光二极管的可控发光电路设计的示意图。当光敏电阻的光照强度变化时，图中光敏电阻的阻值变化，光敏电阻两端的电压变化，利用这一变化的电压作为触发器的输入控制。外界光照弱时，光敏电阻的阻值变大，光敏电阻两端的电压升高，当光敏电阻两端的电压大于触发器的阈值电压时，发光二极管点亮。外界光照变强时，光敏电阻阻值变小，光敏电阻两端的电压减小。当光敏电阻两端的电压小于触发器的阈值电压时，发光二极管熄灭。

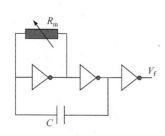

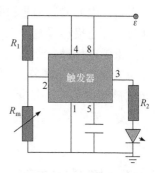

图 3.1.5　光敏电阻可控频率振荡器示意图　　　图 3.1.6　光敏电阻光控电路示意图

3. 实验仪器

本实验主要仪器有信号发生器、光敏电阻、固定阻值电阻、带插头的电线、触发器、电源、电容器、运算放大器、发光二极管、电压表、电流表、示波器等。

4. 实验内容

1) 光敏电阻与可控电位器

利用信号发生器、发光二极管、光敏电阻、固定阻值电阻、电源进行可控电位器电路设计，设计电路如图 3.1.3 所示。将发光二极管的电流调制信号设置为直流信号，设置输入电压，将光敏电阻与固定阻值电阻串联连接，与外界恒定电流连成简单电路。将固定阻值的一端接地，直流电压表测量固定阻值电阻两端电压。调节发光二极管静态驱动电流，即光源驱动电流电位器，电流调节范围为 0～20mA。记录驱动电流调节过程中固定阻值电阻的输出电压，画出光敏电阻作可控电位器的输出电压与入射光信号的关系曲线。

2) 光敏电阻与可控频率振荡器

利用信号发生器、发光二极管、光敏电阻、电容器、与非门、示波器等进行可控振荡电路设计，设计电路如图 3.1.5 所示。将发光二极管的电流调制信号设置为直流信号，设置输入电压。将光敏电阻与一个与非门并联连接，再串联奇数个与非门后与固定电容值的电容器并联，最后串联一个与非门形成简单振荡电路。将振荡器输出端连接到示波器上，调节发光二极管的驱动电流，电流调节范围为 0～20mA，测量振荡器输出端电压的周期并计算输出端频率，然后画出光敏电阻振荡器输出频率随入射光信号变化的关系曲线。

3) 光敏电阻与光控电路

利用信号发生器、发光二极管、光敏电阻、电容器、固定阻值电阻、触发器、检测用发光二极管、电源等进行光控电路设计，设计电路如图 3.1.6 所示。将光源用发光二极管的电流调制信号设置为直流信号，将光敏电阻与固定阻值电阻串联连接后并与电源连接形成电势控制电路，光敏电阻两端电压设置为触发器的输入阈值电压。正确连接触发器的八个管脚，输出管脚与检测用发光二极管连接，由此形成简单光控电路。调节光源驱动电流，观察驱动电流增加和减小过程中检测用发光二极管的状态，记录检测用发光二极管被点亮时的上升电流值和下降电流值。

思考题

(1) 分析光敏电阻最大频响与直流偏置是否有关。

(2) 如何解释光敏电阻比例放大器实验中测得的电压为负值？

(3) 分析影响光控振荡电路中振荡方波波形的因素？

(4) 如何解释光控电路中检测用发光二极管亮暗和暗亮状态切换时电流不一致的现象？

3.2　CCD 驱动与数据采集原理

3.2.1　光电探测技术

光电探测技术就是把被调制的光信号转换成电信号并将信息提取出来的技术，因此光探测过程可以形象地称为光频解调。光探测器就是将光辐射能量转换成为一种便于测量的物理量的器件。光电探测器的工作原理是基于光电效应实现的。

利用具有光电导效应的半导体材料做成的光电探测器称为光电导器件。光敏电阻就是典型的光电导器件，它被广泛地用于光电自动探测系统、光电跟踪系统、导弹制导、红外光谱系统等。早在 1873 年，科学家在大西洋横断海底电信实验中发现，当光照射到硒棒后其电阻值发生改变，这就是光电导效应。当然不同材料适用于不同波段，在可见光波段和大气透过的近红外、中红外和远红外波段几个窗口都有适用的光敏电阻。硫化镉和硒化镉光敏电阻是可见光波段用得最多的两种光敏电阻，硫化铅光敏电阻工作波段是大气的第一个红外窗口，锑化铟光敏电阻主要用于探测大气的第二个红外窗口，碲镉汞器件则用于探测大气的第三个窗口。

基于光电发射效应的光电阴极材料做成的光电探测器称为光电子发射型探测器件。光电管与光电倍增管是典型的光电子发射型探测器件，其主要特点是灵敏度高、稳定性好、响应速度快和噪声小。光电倍增管具有很高的电流增益，特别适于探测微弱光信号。然而由于结构复杂、工作电压高且体积较大，光电倍增管一般用于测量弱辐射且响应速度要求较高的场合，如人造卫星的激光测距仪、光雷达等。各种光电阴极材料的研制也为制造光电倍增管以及发明光电摄像管和光导摄像管提供了有利条件。

二极管是具有单向导电性的 PN 结型半导体器件，它在反向电压作用下处于截止状态，只有微弱的反向电流流过。光电二极管的 PN 结面积相对较大，以便接收更多的光照。光电二极管在反向电压作用下工作，没有光照时反向暗电流极其微弱，有光照时光电二极管内激发电子空穴对，电子空穴对的数目与入射光通量、光电二极管的受光面积、量子效率和光照时间等成正比。电子空穴对的产生使光电二极管反向光电流迅速增大，且光照强度越大，反向光电流也越大。光照的变化引起的光电二极管电流变化将光信号转换成电信号。

1969 年，美国贝尔实验室的科学家在探索磁泡器件的电模拟过程中产生了电荷耦合器(CCD)的设想。半导体技术的迅速发展使电荷耦合器、光位置敏感器和光敏阵列探测器等各种类型光电探测器应运而生。进入 20 世纪 90 年代，光电探测器的发展方向除了开发高速响应光电探测器外，还需要在提高分辨率、开发多功能和智能化焦平面阵列等方面研制高性能的光电成像器件。CCD 是一种能够把光学图像转化为数字信号的半导体装置。作为固态电子器件，CCD 由间隔极小的金属-氧化物-半导体(MOS)电容器阵列和适当的输入与输出电路构成，脉冲电压产生和控制半导体势阱的变化从而实现电荷信息的存储和传递。CCD 体积小、灵敏度高、应用灵活、使用方便的优势使其在遥感、雷达、通信、电子计算机、电视摄像等领域获得重要应用。

CCD 有表面沟道、体沟道和蠕动型等常见结构类型。电荷存储在半导体与绝缘体之间的界面并沿界面传输的 CCD 称为表面沟道 CCD；而电荷存储在离半导体表面一定深度的体内并在半导体体内沿一定方向传输的 CCD 则称为体沟道或埋沟道 CCD。表面沟道 CCD 在半导体和氧化物界面附近产生阻碍电荷运输的陷阱，这种 CCD 电荷传输效率低。为了提高电荷传输效率和消除电荷传输噪声，将半导体进行离子掺杂，表面沟道 CCD 改进为埋沟道 CCD。CCD 基于光电二极管将光信号转换成电信号实现电荷的注入。CCD 的量子效率是指每入射一个光子所释放的平均电子数，它与入射光子能量间的关系可表示为

$$\eta = \frac{I_c / e}{P / (h\nu)} = \frac{I_c h\nu}{eP} \tag{3.2.1}$$

式中 I_c 为光电流，e 为电子电量，P 为入射光能量，$h\nu$ 为光子能量。

除了光注入，CCD 的信号电荷也可采用电注入法获得。CCD 依赖于脉冲电压产生和控制半导体势阱的变化从而实现电荷信息的存储和传输。CCD 中的光敏单元均可等效为 MOS 电容器。偏置电压下 MOS 结构形成反型层，实现电荷的存储。相邻单元间形成电压差，电荷可由浅势阱转移到深势阱中，于是在时钟脉冲

的控制下电荷沿着势阱移动实现电荷传输。CCD 电极上的时钟脉冲有两相时钟脉冲、三相时钟脉冲和四相时钟脉冲多种形式。CCD 多采用选通电荷积分器实现电荷的检测读出。

衡量 CCD 好坏的指标除了量子效率外，还有像素数和 CCD 尺寸。像素数是指 CCD 上感光元件的数量，像素数越多，拍摄的画面越清晰，一般 CCD 的像素数可达百万左右。CCD 的技术指标还有清晰度、灵敏度、动态范围、信噪比和响应度等。CCD 的响应度是指输出信号电压与输入光功率之比，而 CCD 的灵敏度则是指输出信号电流与输入光功率之比。当然 CCD 的响应度或灵敏度也随着入射频率的变化而变化，这就是 CCD 的光谱响应。

CCD 具有清晰度高、灵敏度高、动态范围宽和信噪比高的特点，因此 CCD 有固体成像、信号处理和大容量存储器三大主要用途，并成功地用于天文、遥感、传真、卡片阅读、光测试和电视摄像等领域。微光 CCD 和红外 CCD 在航空、遥感、热成像等军事应用中显示出独特优势。CCD 信号处理兼有数字和模拟两种信号处理技术，在中等精度的雷达和通信系统中得到广泛应用。CCD 还可用作大容量串行存储器，其存取时间、系统容量和制造成本都介于半导体存储器和磁盘、磁鼓存储器之间。

3.2.2 线阵 CCD 的工作原理实验

1. 实验目的

(1) 了解 CCD 的基本构成。
(2) 掌握两相驱动线阵 CCD 的工作原理。
(3) 灵活检测两相线阵 CCD 驱动脉冲参数以及各驱动脉冲的时序和相位关系。

2. 实验原理

在 N 型或 P 型硅衬底上生长一层二氧化硅薄层，再在二氧化硅层上淀积并光刻腐蚀出金属电极，就制作成了金属-氧化物-半导体电容器阵列。这些规则排列的金属-氧化物-半导体电容器阵列和适当的输入与输出电路就构成了 CCD 移位寄存器。按照 CCD 的电容器阵列在空间的排列方式，CCD 可分为线阵 CCD 和面阵 CCD。不难想象，线阵 CCD 就是将 CCD 的电容器阵列排成一行，而面阵 CCD 则是将 CCD 的电容器阵列排列为若干行和若干列组成的平面。线阵 CCD 按照信号电荷传输轨道的不同又分为单沟道传输和双沟道传输，图 3.2.1 给出了线阵 CCD 单沟道传输与双沟道传输的示意图。

这里以两相驱动的线阵 CCD 为例说明 CCD 的工作原理。对金属栅电极施加时钟脉冲，在栅电极下的半导体内就形成可储存少数载流子的势阱。信号电荷可

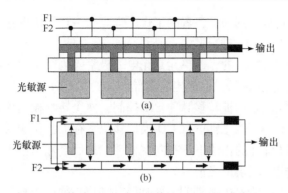

图 3.2.1　线阵 CCD 单沟道传输(a)与双沟道传输(b)

用光注入或电注入的方法输入势阱。然后周期性地改变时钟脉冲的相位和幅度，势阱深度则随时间相应地变化，从而使注入的信号电荷在半导体内作定向传输。一个完整的 CCD 信号的转移过程可借助高灵敏度和低暗电流的内置采样保持电路完成。彩色线阵 CCD 基于红绿蓝三基色制成，如图 3.2.2 所示。由于三基色对

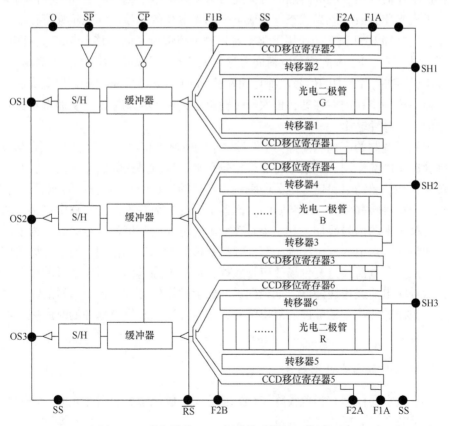

图 3.2.2　彩色线阵 CCD 图像传感器的工作原理图

应的三行像敏单元是并列的，三者的工作原理完全一样，因此选择其中一行像敏单元即可说明 CCD 的工作原理。

假设彩色线阵 CCD 的光敏单元是光电二极管阵列。单色光电二极管的两侧各有一个用作存储光电荷的 MOS 电容存储栅，在两个 MOS 电容存储栅的外侧各有一个转移栅电极，它们被转移脉冲 SH 控制。两个转移栅电极的外侧又各放置一个被驱动脉冲 F1 和 F2 控制的 CCD 模拟移位寄存器。位于模拟移位寄存器中的信号电荷在驱动脉冲的作用下从右向左移动。最后经输出放大器单元 OS 端依次输出，最终形成一场模拟光信号。

当转移脉冲 SH 为高电平期间，驱动脉冲 F1 必须也为高电平，即必须保证 SH 的上升沿和下降沿都落在 F1 的同一高电平上，SH 和 F1 都形成深势阱，SH 的深势阱使转移栅电极与 F1 电极下的深势阱沟通，这样 MOS 电容存储栅中的信号电荷就可以通过转移栅转移到模拟移位寄存器 F1 电极下的深势阱中。当 SH 由高电平变为低电平时，SH 低电平形成的浅势阱将 MOS 电容存储栅下的势阱与模拟移位寄存器电极下的势阱隔离开。此后 SH 为低电平的一段时间内存储栅下的势阱进入光积分或者感光状态，完成下一场光电荷的积累。模拟位移寄存器将在两相驱动脉冲 F1 和 F2 的作用下驱动着信号电荷进行定向转移。当 F2 为高电平、F1 为低电平时，F1 中的信号电荷向左移到 F2 电极下深势阱中；当 F1 为高电平、F2 为低电平时，F2 中的信号电荷再向左移到 F1 电极下深势阱中。以此类推，信号电荷一位一位地向左移动，依次经过输出电路由 OS 端输出，从而得到被光强调制的序列脉冲输出。

被光强调制的序列脉冲即 OS 信号属于调幅脉冲信号，在经过采样保持(S/H)控制脉冲 SP 的作用下，信号将变得比较平滑，这就是最终的输出信号。此外，在转移脉冲的驱动下，信号电荷的每一步转移的过程中总是会有部分电荷无法完全从一个势阱转移到另一个势阱中，而遗留下的电荷在下一步转移中势必与从右侧新转移过来的信号叠加，其结果是改变了光电荷的数值使信号失真。为了保证信号的精确输出引入复位场效应管，它在复位脉冲 RS 的作用下使复位场效应管导通，把剩余电荷通过复位场效应管放掉，从而消除它们对后面信号的破坏。此外，信号输出前经过缓冲器，加载到缓冲器上的钳位脉冲 CP 使信号的输出更为稳定。栅极脉冲、驱动脉冲、复位脉冲、钳位脉冲以及保持脉冲的时序关系如图 3.2.3 所示。

3. 实验仪器与光电元器件

本实验主要仪器有彩色线阵 CCD 实验仪、成像镜头、白光光源、透射型衍射物、示波器、衰减片、计算机。

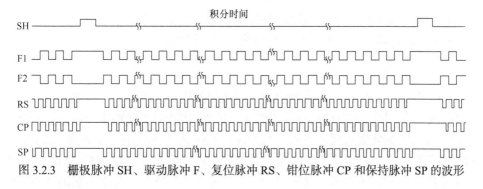

图 3.2.3 栅极脉冲 SH、驱动脉冲 F、复位脉冲 RS、钳位脉冲 CP 和保持脉冲 SP 的波形

4. 实验内容

1) 实验预备内容

打开电源开关，设置 CCD 驱动频率，设置 CCD 积分时间，调节二值化阈值电平，通过数据线将 CCD 输出端口与计算机并口相连接，准备测试端子以供示波器测量使用。打开白光光源，调节成像镜头光圈和对焦，将测量片夹插入光源前面的卡槽内。将示波器地线与实验仪上的地线连接，打开示波器电源。

2) 驱动脉冲相位的测量

将示波器的两个探头扫描线调整至适当位置，同步设置为其中一个探头。用同步设置的探头测量转移脉冲 SH，调节 SH 脉冲宽度且稳定同步便于观察。用另一个探头分别观测两相驱动脉冲 F1 与 F2，观察 SH 与 F1、F2 的相位关系。特别关注 SH 的高电平和下降沿与 F1 的高电平或 F2 的低电平的时序关系。用同步设置的探头测量 F1 信号，另一探头分别测量 F2、RS、CP 和 SP 信号，观察 F1 与 F2 的相位关系，RS、CP 和 SP 与 F1 或 F2 的频率关系。用同步设置的探头测量 CP 信号，另一探头分别测量 RS 和 SP，观察 CP 与 RS 和 SP 信号之间的相位关系。理解 CCD 积累和转移光电荷的过程。

3) 驱动频率和积分时间测量

用示波器分别测量 CCD 不同驱动频率下驱动脉冲 F1 和 F2 以及复位脉冲 RS 信号的周期和频率。将频率设置为最低，将积分时间设置为最短。用同步设置的探头观测同步脉冲信号，用另一探头测量 SH 信号，观察两者的周期是否相同，记录同步脉冲信号周期。调节积分时间和驱动频率，测量不同驱动频率和积分时间下的同步脉冲的周期，观察驱动脉冲 F1 和 F2 与转移脉冲 SH 的关系。

3.2.3 线阵 CCD 的 A/D 数据采集

1. 实验目的

(1) 了解线阵 CCD 积分时间与光照灵敏度的关系。

(2) 掌握线阵 CCD 的 A/D 数据采集的基本原理。

(3) 灵活使用实验仪并进行配套软件的基本操作。

2. 实验原理

用线阵 CCD 进行光强分布检测、图像的扫描输入以及多通道光谱分析时，需要定量分析线阵 CCD 输出信号的幅值。首先对线阵 CCD 输出信号进行数据采集，并将采集的数据送到计算机进行处理，A/D 转换器的作用就是把 CCD 输出的模拟信号转换成可以直接进行定量计算分析的数字信号。线阵 CCD 的 A/D 数据采集的种类和方法很多，这里只介绍 8 位并行接口方式的数据采集的基本工作原理。图 3.2.4 给出了以 8 位 A/D 转换器件 TLC5510A 为核心器件的线阵 CCD 数据采集系统。

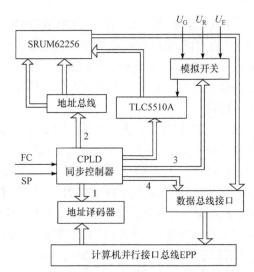

图 3.2.4　计算机并行接口方式的 A/D 数据采集原理

CCD 数据采集系统中基于复杂可编程逻辑器件(CPLD)的同步控制器完成地址译码、存储器地址译码、同步控制、接口控制等逻辑功能。计算机软件首先通过向端口发送控制指令对 CPLD 同步控制器复位。线阵 CCD 在驱动脉冲作用下输出模拟信号被送到 A/D 转换器 TLC5510A 的模拟信号输入端。同时，驱动器输出的同步脉冲 FC 和像敏单元同步脉冲 SP 分别送给 CPLD 同步控制器的控制输入端，使 CPLD 同步控制器与线阵 CCD 输出的模拟信号同步。此时同步控制器 CPLD 等待 FC 上升沿的到来，一旦接收到信号便发出指令触发 A/D 转换器 TLC5510A。A/D 转换器 TLC5510A 则通过 SP 信号完成对每个像元的同步采样。同时，CPLD 同步控制器也要接收计算机软件通过地址译码器发出的各种控制命令，CPLD 同步控制器接收这些控制信号后，给 A/D 转换器 TLC5510A 发送启动信号，A/D 转换器进入自动转换状态。

A/D 转换器完成模拟数字转换并输出转换完成的信号，CPLD 同步控制器接收到此信号后发出命令信号，把 A/D 转换器输出的 8 位数字信号存储在一个静态缓存器件 SRUM62256 中。当一行像元的数据转换完成后，CPLD 同步控制器会生成一个标志转换结束的信号，同时停止 A/D 转换器和 SRUM 存储器的工作，计算机软件通过接口电路查询到标志信号后，开始读取 SRUM 存储器中的数据并完成数据曲线显示等一系列功能。当软件读取并处理完成一行数据后，再次发送复位指令循环上述过程。

3. 实验仪器

本实验主要仪器有彩色线阵 CCD 实验仪、成像镜头、白光光源、透射型衍射物、示波器、衰减片、计算机等。

4. 实验内容

1) 实验预备内容

首先将实验仪的数据端口和计算机并行端口用专用数据线缆连接，开机自检后按 DEL 键进入主板 BIOS 设置，将 Onboard Parallel Port 设置为 378/IRQ7，并将计算机并行端口 Onboard Parallel Mode 设置为增强型并行接口 EPP 工作模式，完成系统启动。打开彩色线阵 CCD 实验仪主电源开关，用示波器检测 F1、F2、RS、SP、CP 等各路驱动脉冲的波形是否正确。计算机安装 A/D 数据采集基本软件，将镜头对准空的片夹夹具，调节积分时间和驱动频率为最低，在程序界面中选择开始按钮，调整成像透镜光圈，使之达到饱和状态后停止调节。观察输出信号，保证信号清晰且未饱和后计算放大倍率。在光源前片夹夹具中放置初始化调节专用片夹，确定前端放大倍率。

2) CCD 输出模拟信号的测量

将彩色线阵 CCD 实验仪积分时间设置为最低挡，驱动频率设置为最低挡。用示波器一个探头测量同步脉冲信号，调节示波器显示至少两个同步脉冲周期，用另一探头测量实验仪的 UG 输出端子。调节镜头光圈，光圈越大，UG 幅度越大；光圈越小，UG 幅度越小。逐步缩小镜头光圈，当 UG 的输出在小于 3V 时，停止调整镜头光圈。保持第一个探头不变，增加积分时间，用第二探头分别测量 UR 和 UB 信号，观测这三个信号在积分时间改变时的信号变化，分析积分时间与 CCD 输出光电荷依赖关系。调节示波器扫描速度，展开 SH 信号，观测 SH 波形和 CCD 输出波形之间的相位关系，观测同步脉冲波形和 CCD 输出波形之间的相位关系。

3) 运行 A/D 数据采集软件进行数据采集

运行 A/D 数据采集软件，采集连续、单次和平均三种采集方式下的数据。单击连续采集按钮选择连续采集工作方式，将测量片夹插入片夹夹具中，调节镜头光圈大小并设置驱动频率和积分时间等参数，观测所采集输出波形的变化情况，判断与前面测量的模拟信号的变化趋势是否一致。打开数据格式窗口，观察每一个像元的数据是否不停变化，仔细观察这些变化的数据的浮动情况，分析数据浮动的原因。将 A/D 转换的输出波形曲线以扩展名 txt 或 dat 的数据格式保存数据文件。选择不同采集方式，重复上述过程。

3.2.4　线阵 CCD 输出信号的二值化

1. 实验目的

(1) 了解线阵 CCD 输出信号的分布规律。
(2) 熟悉数字信号二值化的工作原理。
(3) 掌握利用 CCD 进行物体尺寸和位置测量的方法。

2. 实验原理

线阵 CCD 的输出信号包含了 CCD 各个像元的光强分布信号和像元位置信息，使它在物体尺寸和位置检测中显得十分重要。CCD 输出信号的二值化处理常用于物体外形尺寸、物体位置、物体振动等的测量。图 3.2.5 给出了 CCD 输出信号的二值化测量物体直径的原理图。被测物置于成像物镜的物方视场中，线阵 CCD 像敏面安装在成像物镜的最佳像面位置。均匀的背景光使被测物通过成像透镜成像到 CCD 的像敏面上，在像面位置可得到黑白分明的光强分布。CCD 像敏面上的光强分布携带了被测物尺寸的信息，通过 CCD 及其驱动器将载有尺寸信息的像转换为右侧的时序电压输出信号波形。根据输出波形可以得到物体在像方的尺寸，再利用 CCD 的光学放大倍率便可得到物体的实际尺寸。

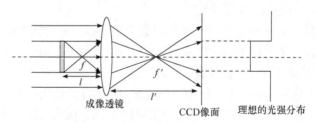

图 3.2.5　物体尺寸测量的光学系统

线阵 CCD 的输出信号随光强分布的变化关系是线性的，然而 CCD 的输出信号通常受到噪声和电路弛豫效应等的影响，物体边界信息不能完全展现出来。为了提取 CCD 输出信号所表征的边缘信息，采用如图 3.2.6(a)所示的固定阈值二值

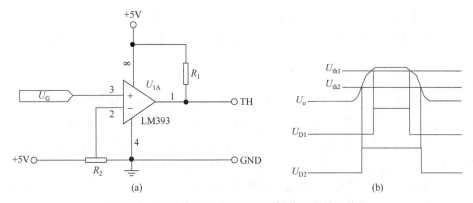

图 3.2.6 (a)二值化电路和(b)不同阈值下的输出信号

化电路处理。该电路中电压比较器 LM393 的正相输入端接 CCD 输出信号 U_G，而反相器的输入端通过电位器接到可调阈值电平上，该电位器可以调整二值化的阈值电平，构成固定阈值二值化电路。再进一步进行逻辑处理便可以提取出物体边缘的位置信息，物体边缘的位置差值即为被测物在 CCD 像面上所成的像占据的像元数目，乘以 CCD 像敏单元的大小便可得到物体的尺寸为 $D = (N_2 - N_1)L/\beta$，其中 $N_2 - N_1$ 为被测物在 CCD 像面上所成的像占据的像元数目，L 为 CCD 像敏单元的大小，β 为光学放大倍率。

当然电路中固定阈值的取值不同，输出信号也不同。图 3.2.6(b)给出了两个不同阈值情况下的输出信号。可以看出，固定阈值越高，物体边缘的位置差值，即被测物在 CCD 像面上所成的像占据的像元数目越少，计算得到的物体尺寸比实际的小。相反地，固定阈值越低，物体边缘的位置差值，即被测物在 CCD 像面上所成的像占据的像元数目越多，计算得到的物体尺寸越接近实际情况。该系统也适用于检测物体的位置和它的运动参数。当图 3.2.5 中物体在物面沿着光轴做纵向运动，根据光强分布的变化同样可以计算出物体的中心位置和它的运动速度。

3. 实验仪器

本实验主要仪器有彩色线阵 CCD 实验仪、成像镜头、白光光源、透射型衍射物、示波器、衰减片、计算机等。

4. 实验内容

1) 实验预备内容

首先将示波器地线与实验仪上的地线连接，将实验用测量片夹插入后端片夹夹具中。然后打开示波器，将示波器探头接到 FC 脉冲输出端，仔细调节使之同步稳定，使示波器显示至少两个 FC 周期。确认彩色线阵 CCD 实验仪的二值化开关处于弹出状态，检测 F1、F2、FC、RS、SP、CP 各路驱动脉冲信号的波形是否正确。

2) 光学放大倍率的标定

用示波器第二个探头接 U_G 信号输出端。调节镜头的光圈，观测输出信号波形的变化，使其处于接近饱和的非饱和状态，测量阈值电平端子电压，调节实验仪上的阈值调节按钮使阈值为 2V 左右。再将示波器第一个探头接到 U_o 信号输出端，用 U_G 信号同步。示波器第二个探头接到二值化输出 TTL 信号端子上，调节阈值调节按钮，进行阈值的增减，观察输出信号的变化情况以及与 U_G 信号的关系。再将阈值电平恢复为 2V，按下二值化测量按钮，此时仪器面板上原本显示的积分时间和驱动频率值的数值变为二值化测量值，所显示的数值为二值化信号所占据的 CCD 像元数。计算光学放大倍率的平均值，完成光学放大倍数的标定。

3) 二值化测量

保持上述设置不变，打开实验仪顶部盖板，更换测量片夹，计算出被测物体的实际尺寸。调整阈值电平，再测量计算出被测物体的实际尺寸，分析两次测量结果阈值电平的依赖关系。改变积分时间重复上述实验，观察 CCD 输出信号波形的变化，当 CCD 出现饱和状态后观测被测物体尺寸的变化，分析影响物体尺寸测量的因素。

思考题

(1) 如何设置低频率积分脉冲和高频率驱动脉冲同步稳定输出？
(2) 如何解释 CCD 输出信号幅度的浮动现象？
(3) 分析直边物体测量中边缘变形的原因。
(4) 如何解释不同固定阈值二值化测量结果的不同？
(5) 能否用二值化实验设计检测 CCD 光敏单元的不均匀性？

3.3 太阳能电池与光电能量转换

3.3.1 太阳能的利用

能源短缺和地球生态环境污染已经成为人类面临的最大问题，太阳能承载着人们对可再生能源和绿色能源的希望。太阳能是太阳内部连续不断的核聚变反应过程产生的能量，实际上地球上的风能、水能、海洋温差能、波浪能和生物质能都是来源于太阳，即使是地球上的煤、石油、天然气等化石燃料根本上说也是储存下来的太阳能。因此广义上太阳光的辐射能、水能、风能、生物质能、潮汐能都属于太阳能。狭义的太阳能则局限于太阳光辐射能。

每年到达地球表面上的太阳辐射是现今世界上可以开发的最大能源。到达地球表面的太阳辐射的总量尽管很大，但是能流密度很低，因此想要得到一定的太阳能转换功率，往往需要面积相当大的一套收集和转换设备。此外，由于受到昼夜、季节、地理纬度和海拔等自然条件的限制及晴、阴、云、雨等随机因素的影响，到达某一地面的太阳辐照度既是间断的又是极不稳定的，这给太阳能的大规模应用增加了难度。要广泛应用太阳能就必须解决蓄能问题，即把晴朗白天的太阳辐射能储存起来，以供夜间或阴雨天使用。

光化利用是一种利用太阳辐射进行光合作用、光电化学作用、光敏化学作用及光分解反应的过程。光化转换就是因吸收光辐射导致化学反应而转换为化学能的过程。光热转换和光电转换也是太阳能利用的重要方式。光热利用的基本原理是将太阳辐射能收集起来，通过与物质的相互作用转换成热能加以利用。目前使用最多的太阳能收集装置，主要有平板型集热器、真空管集热器、陶瓷太阳能集热器和聚焦集热器等。通常根据所能达到的温度和用途的不同，太阳能光热利用分为低温利用、中温利用和高温利用。目前低温利用主要有太阳能热水器、太阳能干燥器、太阳能蒸馏器、太阳能采暖、太阳能温室、太阳能空调制冷系统等，中温利用主要有太阳灶、太阳能热发电聚光集热装置等，高温利用主要有高温太阳炉。

太阳能的大规模利用是用来发电。太阳能发电的方式有多种，已使用的主要有光-热-电转换和光-电转换两种。光-热-电转换就是利用太阳辐射所产生的热能发电。一般是用太阳能集热器所吸收的热能使工作物质变为蒸气，然后由蒸气驱动汽轮机带动发电机发电。前一过程为光-热转换，后一过程为热-电转换。光-电转换的基本原理是利用光生伏特效应将太阳辐射能直接转换为电能，它的基本装置是太阳能电池。根据材料的不同，太阳能电池可分为硅太阳能电池、化合物太阳能电池、聚合物太阳能电池和有机太阳能电池等。硅作为地壳中分布最广的元素，以单晶硅、多晶硅和非晶硅等形式存在。太阳能电池及组件的制备通常用多晶硅做原料，用提拉法生产硅单晶圆棒，再切成带圆角准方形硅单晶锭，最后切割成准方形硅单晶片。硅片经清洗和制绒等表面处理后，用扩散的方法制成 PN 结，经蒸镀电极、腐蚀周边和蒸镀减反射膜等工序便制成了太阳能电池片。图 3.3.1(a)给出了单晶硅太阳能电池片的结构图。

太阳能电池片薄而易碎且易腐蚀，因此太阳能电池片需封装成组件后才可实际应用。封装太阳能电池的涂覆材料耐温性好，既要耐高温也要耐低温。太阳能电池的背面需解决耐老化、耐腐蚀、耐紫外线辐射和不透气等问题。太阳能电池光照面的上电极通常制成栅线状，各栅线相互连接，这有利于对光生电流的收集，并使电池有较大的受光面积。栅状电极通常用银或铝做浆料，用丝网印刷的方法

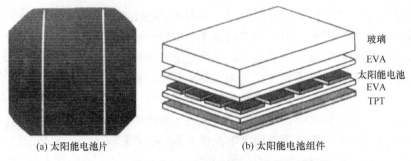

(a) 太阳能电池片　　　　　　　　(b) 太阳能电池组件

图 3.3.1　单晶硅太阳能电池片和太阳能电池组件

印制再经烧结形成。下电极布满电池的背面以减小电池的内阻。玻璃既支撑太阳能电池片又能让光线通过，聚氟乙烯复合膜(TPT)具有耐腐蚀、抗老化及良好的绝缘性能。乙烯-醋酸乙烯酯共聚物(EVA)是一种特殊的胶膜，具有很高的透光性，在高温下融化可将玻璃、电池片和 TPT 密封粘结在一起。封装好的组件再装上铝边框就构成实际的太阳能电池组件，完整的太阳能电池组件如图 3.3.1(b)所示。

　　单片太阳能电池不能满足一般用电设备的电压、功率要求，需要若干太阳能电池进行串联或并联，形成光伏板，产生更多电能。天台及建筑物表面均可使用光伏板组件，甚至被用作窗户、天窗或遮蔽装置的一部分，这些光伏设施通常被称为附设于建筑物的光伏系统。简单的光伏电池可为手表以及计算机提供能源，较复杂的光伏系统可为房屋提供照明以及交通信号灯和监控系统或者并入电网供电。

3.3.2　太阳能电池特性测量

1. 实验目的

(1) 了解并掌握太阳能电池的原理及结构。
(2) 掌握太阳能电池特性测量方法。
(3) 理解环境因素对太阳能电池输出的影响。

2. 实验原理

　　太阳能电池利用半导体 PN 结受光照射时的光伏效应发电，太阳能电池的基本结构就是一个大面积 PN 结。P 型半导体中有相当数量的空穴，几乎没有自由电子。N 型半导体中有相当数量的自由电子，几乎没有空穴。当两种半导体结合在一起形成 PN 结时，N 区的电子向 P 区扩散，与 P 区的空穴复合，在 PN 结附近形成空间电荷区和势垒电场。势垒电场会使载流子向扩散的反方向做漂移运动，最终扩散与漂移达到平衡，使流过 PN 结的净电流为零。该区内几乎没有能导电的载流子，因此空间电荷区又称为结区或耗尽区。当光电池受光照射时，部分电子被激发而产生电子空穴对，在结区激发的电子和空穴分别被势垒电场推向 N 区和 P 区，使 N 区有过量的电子而带负电，P 区有过量的空穴而带正电，PN 结两端形成电压，这就是光伏效应。若将 PN 结两端接入外电路，就可向负载输出电能。

在一定的光照条件下，改变太阳能电池负载电阻的大小，测量其输出电压与输出电流，便可探究太阳能电池的输出伏安特性。负载电阻为零时测得的最大电流称为短路电流。负载断开时测得的最大电压称为开路电压。太阳能电池的输出功率为输出电压与输出电流的乘积，输出电压与输出电流乘积的最大值称为最大输出功率。图 3.3.2(a)给出了伏安特性曲线和输出功率。同样的电池和相同的光照条件，负载电阻大小不一样时，输出的功率也不一样。理论和实验表明，在不同的光照条件下短路电流随入射光功率线性增长，而开路电压在入射光功率增加时只略微增加，如图 3.3.2(b)所示。

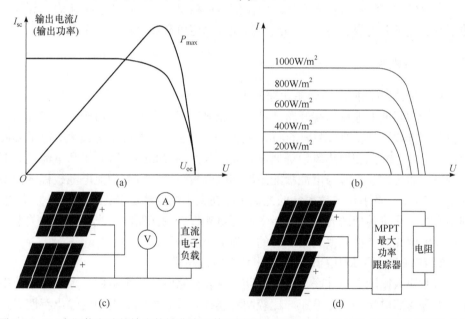

图 3.3.2 (a)太阳能电池的输出特性曲线及其(b)随外界光照的变化和(c)最大输出功率以及(d)输出特性的测量装置图

太阳能电池的输出伏安特性可采用图 3.3.2(c)所示的电路进行测量。表征太阳能电池性能优劣有两个重要参数：一个是填充因子，另一个是转换效率。填充因子的定义为

$$FF = \frac{P_{max}}{V_{oc} \times I_{sc}} \tag{3.3.1}$$

式中 I_{sc} 为短路电流，V_{oc} 为开路电压，P_{max} 为最大输出功率。太阳能电池填充因子值越大，电池的光电转换效率越高，一般的硅光电池填充因子值为 $0.75\sim$ 0.8。太阳能电池的最大输出功率 P_{max} 可采用最大功率点跟踪(MPPT)法进行测量，图 3.3.2(d)给出了相应的电路设计。转换效率则直接决定了太阳能电池的光电转换性能，转换效率定义为

$$\eta = \frac{P_{max}}{P_{in}} \times 100\% = \frac{P_{max}}{S \times E} \times 100\% \tag{3.3.2}$$

式中 P_{in} 为入射到太阳能电池表面的光功率，S 为光垂直照射到太阳能电池板上的面积，E 为照射到太阳能电池板上的光照度。

3. 实验仪器与光电元器件

本实验主要仪器有白光光源、太阳能电池板组件、电压表、电流表、导线、功率计、电子温度表、最大功率点跟踪器、固定负载和直流电子负载。

4. 实验内容

1) 太阳能电池照度与光源距离的关系

保持太阳能电池输出端开路。将太阳能电池板的受光面正对光源，光源与电池板距离选取适当，参考距离 60cm，打开电源开关使电压表、电流表、电子温度计、功率计、光源和散热风扇等通电。光源预热约 20min，待光源和电池板温度比较稳定后，记录光源与电池板的距离和电池板温度。将太阳能电池板标记为横纵 12 个区域，将手持式功率计的光探头放在太阳能电池板受光面指定坐标位置，利用光探头测量各处的光强，分析太阳能电池板上的光照度与光源距离的关系。太阳能电池光电转换效率利用测得的光强最小值进行计算。

2) 串联和并联太阳能电池的输出伏安特性测量

将两块太阳能电池并联，测量短路电流和开路电压；再将两块太阳能电池串联，测量短路电流和开路电压。比较两种连接方式下太阳能电池的输出特性。按照图 3.3.2(c)接线，调节电子负载两端电压至约 1V，然后每升高 1V 记录一次太阳能电池板输出的电压电流值，数值间隔不足 1V 时为最后一个电压，此时对应开路电压 U_{oc}，对应电流为 0。改变太阳能电池板与光源距离，测量不同光强下太阳能电池输出伏安特性。从图 3.3.2(a)的 P-U 曲线图中找出最大输出功率点(U_m, I_m)，其中 U_m、I_m 为最大功率点对应的最佳工作电压和最佳工作电流，最大输出功率 $P_{max} = U_m \cdot I_m$。计算填充因子 FF 和转换效率 η。

3) 最大功率点跟踪法测量最大输出功率

按照图 3.3.2(d)接线。最大功率点跟踪器开机默认为自动模式，长按自动/手

动按钮，将模式切换到手动模式，按功率调节按钮将功率点调节到最低输入电压后，从最低点按功率调节按钮，每升高 0.5V 记录下屏幕上显示的输出电压值、输出电流值及输出功率，找到输出功率最大时，即完成了手动寻找最大功率点。长按自动/手动按钮，将模式切换到自动模式，显示数据为跳变值，输入电压显示为围绕一个中心点左右跳动，输出功率为小到大再到小变化，读取电压跳变的中心值，功率显示的是最大值。比较手动模式和自动模式测得的最大输出功率。

3.3.3　太阳能电池控制器功能测量

1. 实验目的

(1) 理解太阳能电池控制器的作用和工作原理。
(2) 掌握蓄电池过充和过放保护。
(3) 熟悉太阳能路灯控制的实训操作。

2. 实验原理

白天有太阳时可利用太阳能电池将太阳能转换为电能，当无光照射到太阳能电池板上时，太阳能电池几乎没有能量输出。为了保证供电系统和能量利用的正常运行，这就需要把白天太阳能电池中产生的电能储存在蓄电池中，因此在实际应用中，太阳能电池和蓄电池需要配合使用。光伏系统最常用的储能装置为蓄电池。蓄电池是提供和存储电能的电化学装置。光伏系统使用的蓄电池多为铅酸蓄电池，充放电时的化学反应式为

$$PbO_2 + 2H_2SO_4 + Pb \underset{充电}{\overset{放电}{\rightleftharpoons}} 2PbSO_4 + 2H_2O \tag{3.3.3}$$

蓄电池放电时，化学能转换成电能，正极的氧化铅和负极的铅都转变为硫酸铅。蓄电池充电时，电能转换为化学能，硫酸铅又恢复为氧化铅和铅。蓄电池充电电流过大，会导致蓄电池的温度过高和活性物质脱落，影响蓄电池的寿命。在充电后期，电化学反应速率降低，若维持较大的充电电流，会使水发生电解，正极析出氧气，负极析出氢气。理想的充电模式是开始时以蓄电池允许的最大充电电流进行充电，随电池电压升高逐渐减小充电电流，达到最大充电电压时立即停止充电。蓄电池的放电时间一般规定为 20h。放电电流过大和电池电压过低会严重影响电池寿命。蓄电池具有储能密度高的优点，但有充放电时间长、充放电寿命短和功率密度低的缺点。

控制器又称充放电控制器，起着管理光伏系统能量、保护蓄电池及整个光伏系统正常工作的作用。当太阳能电池方阵输出功率大于负载额定功率或负载不工作时，太阳能电池通过控制器向储能装置充电。当太阳能电池方阵输出功率小于

负载额定功率或太阳能电池不工作时，储能装置通过控制器向负载供电。通过控制器对蓄电池充放电条件加以限制可防止蓄电池过充电和过放电，使蓄电池获得最高效率并延长蓄电池的使用寿命。此外，控制器还有负载短路保护、电池板反接保护、路灯控制、延时控制等功能。

太阳能电池可直接对蓄电池进行充电，充电时注意太阳能电池的短路电流不能超过蓄电池的最大充电电流。一般来讲，太阳能电池直接对蓄电池进行充电的时间较长。太阳能电池直接对蓄电池充电的电路如图 3.3.3(a)所示。如果时间不充裕时，要做控制器对蓄电池的过充保护实验，可按图 3.3.3(b)所示电路进行。实验中可采用电子负载作为恒流源和恒压源。电子负载是利用电子元件吸收电能并将其消耗的一种负载。电子元件一般为功率场效应管、绝缘栅双极型晶体管等功率半导体器件。由于采用功率半导体器件替代电阻作为电能消耗的载体，使得负载的调节和控制易于实现且能达到很高的调节精度和稳定性，具有可靠性高和寿命长等特点。电子负载有恒流、恒压、恒阻、恒功率等工作模式。在恒压工作模式时，将负载电压调节到某设定值后即保持不变，负载电流由电源输出决定。连接并增加电子负载，电子负载的电压不断升高。当太阳能控制器的指示灯变为绿色

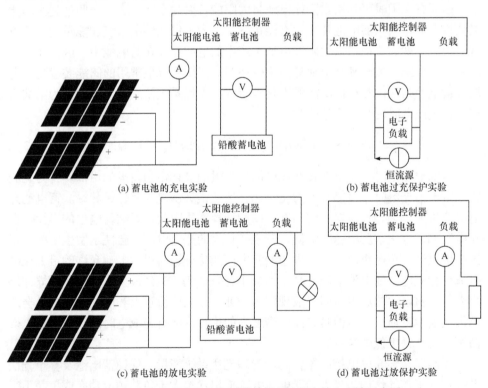

图 3.3.3   太阳能电池通过控制器对蓄电池的充放电电路示意图

闪烁时，蓄电池处于充满状态。

　　蓄电池放电或蓄电池过放保护时，先调整太阳能控制器的工作模式，进而控制负载端的通断。通过负载可对蓄电池进行放电，放电的时间通常较长，蓄电池放电电路如图 3.3.3(c)所示。如果时间不充裕时，也可通过控制器对蓄电池进行过放保护，可按图 3.3.3(d)所示的电路进行。此时负载可根据蓄电池的输出电压的情况选择固定阻值的电阻。连接电子负载按下控制器上的按钮使负载端导通。电子负载电压逐渐降低，当太阳能控制器的指示灯状态变为橙黄色时，太阳能控制器处于欠压状态。当指示灯变为红色时，太阳能控制器处于过放状态。此时控制器控制负载端关闭以避免蓄电池过放。

　　在太阳能电池的实际应用中，太阳能电池控制器处于自动调控状态。当有光照射到太阳能电池板上时，太阳能电池输出电能，控制器负载端处于关闭状态，太阳能电池将电能储存在蓄电池中。当无光照射到太阳能电池板上时，太阳能电池几乎没有能量输出，控制器负载端处于导通状态，此时蓄电池对负载供电。在图 3.3.4 给出的太阳能光控路灯的应用中，光照强度高时路灯不亮，光照强度低时路灯才亮。

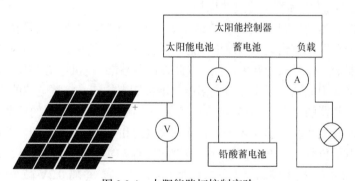

图 3.3.4　太阳能路灯控制实验

　　太阳能电池控制器工作模式不再是开关功能，其负载端的通断不再通过按键实现。太阳能电池开路电压随光强呈近似对数关系。当光强很小时，开路电压将随着光强减小迅速减小，控制器检测太阳能电池端口电压，等同于检测外界光强。当太阳能电池端口电压较高时，控制器判断外界为白天，控制器控制负载端关断，负载灯不亮，此时太阳能电池对蓄电池充电。当太阳能电池端口电压略低于蓄电池端口电压时，由于太阳能电池和蓄电池之间连接着二极管，太阳能电池和蓄电池间不会发生反向电流，太阳能电池输出电流为零。当太阳能电池端口电压低于某一电压值时，控制器判断外界为黑夜，控制负载端导通，蓄电池对负载供电，负载灯开始工作。

3. 实验仪器与光电元器件

本实验主要仪器有白光光源、太阳能电池板组件、太阳能电池控制器、蓄电池、电压表、电流表、导线、电阻、灯泡、电子负载。

4. 实验内容

1) 蓄电池充电和蓄电池过充保护实验

按照图 3.3.3(a)所示的电路将太阳能电池板进行串联后与太阳能电池控制器相连。将蓄电池的正负极与太阳能电池控制器的正负极相连，进行蓄电池充电实验，充电时间大约需要 9h。测量太阳能电池的短路电流，观测实验使用的铅酸蓄电池的最大充电电流。蓄电池充电过程中每隔 10min 记录一次电压和电流值。按照图 3.3.3(b)所示的电路连接电子负载和蓄电池，进行蓄电池过充保护实验。调节电子负载，使电压表显示为 13.0V，然后每隔 0.2V 增加电压，记录电压和电流值。记录实验数据的同时注意太阳能控制器的指示灯状态，当指示灯变为绿色闪烁时，为充满状态。

2) 蓄电池放电和蓄电池过放保护实验

按下控制器的控制/设置按键持续 5s，模式显示数字闪烁，松开按键，每按一次转换一个数字，直到显示为放电状态，停止按键等到显示数字不闪烁。此时太阳能控制器的工作模式为开关功能，以此控制负载端的通断。按照图 3.3.3(c)所示的电路连接太阳能电池板，并与太阳能电池控制器相连。将蓄电池的正负极与太阳能电池控制器的正负极相连，将直流负载与太阳能电池控制器的负载端口连接，进行蓄电池放电实验。每隔 10min 记录一次电压和电流值。按照图 3.3.3(d)所示的电路连接电子负载和蓄电池，进行蓄电池过放保护实验。调节电子负载，使电压表显示为 12.0V，按下控制器上的按钮使负载端导通。每隔 0.2V 减小电压，记录对应的电流值。记录实验数据的同时注意太阳能控制器的指示灯状态，当指示灯变为橙黄色时为欠压状态，当指示灯变为红色时为过放状态，同时负载指示灯熄灭，此时控制器控制负载端关闭以避免蓄电池过放。

3) 太阳能路灯控制实验

按照图 3.3.4 所示的电路连接太阳能电池板，并与太阳能电池控制器相连。将蓄电池的正负极与太阳能电池控制器的正负极相连，将直流负载与太阳能电池控制器的负载端口相连。按下控制器的控制/设置按键持续 5s，模式显示数字闪烁，松开按键，每按一次转换一个数字，直到显示为控制模式，停止按键等到显示数字不闪烁。此时太阳能控制器的工作模式为调试方式，控制器检测太阳能电池端口电压。先断开电子负载，记录太阳能电池端口电压和蓄电池、负载端的电流，并观察充电指示灯和负载指示灯的状态。然后接入电子负载，调节电子负载，使得太阳能电池端口电压由高到低，当太阳能电池端口电压低于某一电压值时，负载灯变亮，记录此时的太阳能电池端口电压和蓄电池、负载端的电流，并观察充电指示灯和负载指示灯的状态变化。

3.3.4　太阳能发电系统搭建与实验测量

1. 实验目的

(1) 理解并网逆变器孤岛效应。
(2) 掌握离网和并网太阳能发电系统的工作原理。
(3) 能灵活搭建离网和并网太阳能发电系统进行直流和交流负载实验。

2. 实验原理

太阳能光伏发电有离网运行与并网运行两种发电方式。并网运行是将太阳能发电输送到大电网中，由电网统一调配，输送给用户。此时太阳能电站输出的直流电经并网逆变器转换成与电网同电压、同频率和同相位的交流电，大型太阳能电站大都采用并网运行方式。离网运行是太阳能发电系统与用户组成独立的供电网络。为解决无光照时的供电，必须配有储能装置或能与其他电源切换。中小型太阳能电站大多采用离网运行方式，离网型太阳能发电系统示意图如图 3.3.5 所示。

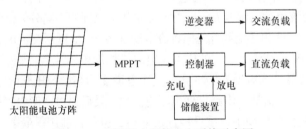

图 3.3.5　离网型太阳能发电系统示意图

光伏发电系统的重要组成部分包括直流-直流(DC-DC)变换电路。DC-DC 变换电路相当于交流电路中的变压器。最基本的 DC-DC 变换电路如图 3.3.6 所示，其中图 3.3.6(a)为降压电路，图 3.3.6(b)为升压电路，图 3.3.6(c)为升降压电路，图中 U_i 为电源，T 为晶体管，u_C 为晶体管驱动脉冲电压，L 为滤波电感，C 为电容，D 为二极管，R_L 为负载，u_0 为负载电压。

调节晶体管驱动脉冲的占空比，即驱动脉冲高电平持续时间与脉冲周期的比值，即可调节负载端电压。当电源电压与负载电压不匹配时，通过 DC-DC 变换电路调节负载端电压，使负载能正常工作。通过改变负载端电压，改变折算到电源端的等效负载电阻。当等效负载电阻与电源内阻相等时，电源最大限度输出能

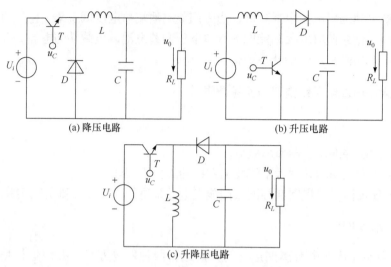

(a) 降压电路　　　　　　　　　　(b) 升压电路

(c) 升降压电路

图 3.3.6　最基本的 DC-DC 变换电路

量。取反馈信号控制驱动脉冲进而控制 DC-DC 变换电路输出电压，使电源始终最大限度输出能量，这样的功能模块称为最大功率点跟踪器。国内外对太阳能电池的最大功率点跟踪提出过多种方法，如电压跟踪法、扰动观察法、功率反馈法和增量电导法等，本实验配置的 MPPT 采用的是扰动观察法。

逆变器是将直流电变换为交流电的电力变换装置。逆变电路一般都需升压来满足 220V 常用交流负载的用电需求。逆变器按升压原理的不同分为低频、高频和无变压器三种逆变器。低频逆变器首先把直流电逆变成 50Hz 低压交流电，再通过低频变压器升压成 220V 的交流电。它的优点是电路结构简单，缺点是低频变压器体积大、价格高、效率较低。高频逆变器将低压直流电逆变为高频低压交流电，经过高频变压器升压后，再经整流滤波电路得到高压直流电，最后通过逆变电路得到 220V 低频交流电。高频逆变器体积小、重量轻且效率高，也是目前用得最多的逆变器类型。无变压器逆变器通过串联太阳能电池组或 DC-DC 变换电路得到高压直流电，再通过逆变电路得到 220V 低频交流电。这种逆变器发电与用电电网间没有变压器隔离。

按输出波形逆变器分为方波逆变器、阶梯波逆变器和正弦波逆变器三种。方波逆变器只需简单的开关电路即能实现，但存在效率较低、谐波成分大、使用负载受限制等缺点。在太阳能发电系统中方波逆变器已很少采用。阶梯波逆变器普遍采用脉宽调制方式生成阶梯波输出。它能满足大部分用电设备的需求，但它还是存在约 20% 的谐波失真，也会对通信设备造成高频干扰。正弦波逆变器的优点是输出波形好，失真度很低，能满足所有交流负载的应用，它的缺点是线路相对复杂，价格较贵。

太阳能发电并网应用必须使用正弦波逆变器，按使用条件可分为离网逆变器与并网逆变器。离网逆变器不与电力电网连接，太阳能电池组件将电力储存在蓄电池内，再经过离网逆变器将蓄电池内的直流电转换成交流 220V 给负载应用供电。并网逆变器就是将太阳能电池板输出的直流电直接逆变成高压馈入电网，而不必经过蓄电池储存。并网逆变器的输出电压与电网电压同相位、同频率，同时并网逆变器具有抗孤岛效应的能力，不能对电网造成影响。为防止孤岛效应的发生，在电网断开时，并网逆变器检测到电网断开信号便立即停止工作，并网逆变器不再对输出端的交流负载供电。

所谓孤岛效应是指在电网故障或中断的情况下，太阳能发电系统继续独立供电给负载的现象。孤岛现象的发生将对维修人员、电网或负载造成诸多不良影响。当电网发生故障或中断后，太阳能发电系统持续独立供电给负载，会使维修人员在进行修复时的安全受到威胁。当电网发生故障或中断时，由于太阳能发电系统失去电网作为参考信号，造成系统的输出电流、电压及频率出现漂移而偏离电网频率，产生不稳定的情况，且可能含有较大的电压与电流谐波成分。若不及时将太阳能发电系统切离负载，将会使得某些对频率敏感的负载损坏。当电网恢复瞬间，由于电压相位不同，可能发生较大的冲击电流，容易造成相关设备损坏。因此孤岛效应的防治对于太阳能发电系统的安全使用是非常重要的。孤岛现象的检测方法根据技术特点可以分为三大类：被动检测方法、主动检测方法和开关状态监测方法。

离网太阳能发电系统直流负载工作中，如图 3.3.7(a)所示，当负载功率较小时，太阳能电池将多余的能量储存在蓄电池中。当负载功率较大，太阳能电池输出的能量无法满足负载工作需求时，蓄电池将进行放电，以此来满足负载工作需求。

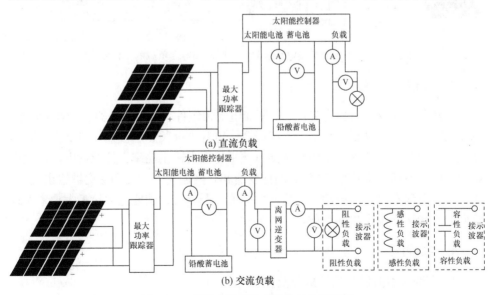

图 3.3.7　离网太阳能发电系统工作原理图

离网太阳能发电系统交流负载工作下，如图3.3.7(b)所示，当逆变器和交流负载整体的功率大于或小于电池板最大输出功率时，蓄电池对电池板输出能量进行补充或存储。不同类型的交流负载的电压、电流波形以及电压电流之间有不同的相位关系。

与离网太阳能发电系统相比，并网发电系统的发电能馈入电网，它以电网为储能装置。当用电负荷较大时，太阳能电力不足以提供的电能由市电提供。而负荷较小时，或用不完电力时，多余的电力传给市电。该系统省掉了蓄电池，从而扩大了使用的范围和灵活性，提高了系统的平均无故障时间，并避免了蓄电池的二次污染。分布式建设就近就地分散供电，进入和退出电网灵活，既有利于增强电力系统抵御战争和灾害的能力，又有利于改善电力系统的负荷平衡，并可降低线路损耗。

并网太阳能发电系统交流负载的电路如图3.3.8所示。交流负载为阻性、感性或容性负载时，通过对太阳能电池输出的电压和电流以及负载上电流的测量可知能量流动的方向。不同额定功率负载情况下，电网对电池板输出能量呈现补充或存储功能。当并网逆变器检测到电网断开后，并网逆变器将立即停止工作，这样交流负载灯便与光伏发电系统断开，防止孤岛效应的发生。

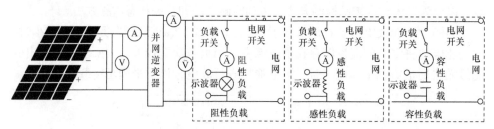

图 3.3.8　并网太阳能发电系统阻性、感性和容性负载的工作原理图

3. 实验仪器与光电元器件

本实验主要仪器有白光光源、太阳能电池板组件、离网逆变器、并网逆变器、电压表、电流表、导线、灯泡、电感线圈、电容、开关、示波器。自行搭建太阳能发电系统时应注意该系统中太阳能电池板的最大输出功率，注意蓄电池最大连续充放电电流和输出功率，注意离网逆变器和并网逆变器功耗和逆变器输出电压。为保护蓄电池寿命，负载功率尽量取中间值。严禁将太阳能电池接最大功率点跟踪器后直接接低额定功率负载。

4. 实验内容

1) 离网太阳能发电系统搭建及实验

可按照图3.3.7(a)所示的电路连接太阳能电池板，将最大功率点跟踪器与太阳能电池板和太阳能电池控制器相连，将蓄电池的正负极与太阳能电池控制器的正负极相连，将直流负载与太阳能电池控制器的负载端口连接，进行离网太阳能直流负载实验。将直流负载接入电路中，太阳能电池板的输出电压和电流可直接从最大功率点跟踪器的显示屏中读出。控制器端口的电压和电流以及负载端口的电压和电流借助外置电压表和电流表测量。可按照图 3.3.7(b)所示的电路连接离网逆变器和交流负载。关闭感性和容性负载开关，打开阻性负载，将 25W 白炽灯接入电路中。记录蓄电池端的电压和电流以及负载端的电压和电流。利用示波器记录交流负载的波形以及相位差。关闭阻性负载开关，打开感性负载或容性负载开关，利用示波器记录输出波形及相位差。

2) 并网太阳能发电系统搭建及实验

可按照图 3.3.8 所示的电路连接太阳能电池板。通过并网逆变器将电网和交流负载连接。关闭感性和容性负载开关，打开阻性负载，将 25W 白炽灯接入电路中。记录并网逆变器输出端的交流电压和电流以及交流负载端的电压和电流，说明太阳能电池板输出电力和电网电力的互补关系。利用示波器记录交流负载的波形。关闭阻性负载开关，打开感性负载或容性负载开关，记录太阳能电池的输出电压和电流以及并网端交流电压和电流，利用示波器记录输出电压和电流的波形。

3) 并网逆变器孤岛效应保护实验

可按照图 3.3.8 所示的电路连接太阳能电池板。通过并网逆变器将电网和交流阻性负载连接。关闭感性和容性负载开关，打开阻性负载开关，将 25W 白炽灯接入电路中。记录电网开关闭合时，并网逆变器输出端的交流电压和电流以及交流负载端的电压和电流，观察白炽灯的亮暗状态，然后断开电网，记录并网逆变器输出端的交流电压和电流，以及交流负载端的电压和电流，观察白炽灯的亮暗状态。

思考题

(1) 如何理解太阳能电池板作为电源，它是一个直流源而不是恒流源也不是恒压源？

(2) 如何解释容性负载功耗很小时最大功率点跟踪器显示的最大输入功率不断变化的现象？

(3) 太阳能电池能否直接接 8W/12V 白炽灯？

(4) 为何电子负载不能与蓄电池并联使用？

第 4 章 光信息处理技术应用

4.1 光学图像的加减

4.1.1 光学信息处理技术

光学信息是指光波携带的信息，它通过光波的振幅、强度、相位和偏振态等参量的分布与变化体现。广义的光学信息处理是指在光学图像的产生、传递、探测和处理等环节进行信息的处理和光学变换。光学信息处理涉及的操作包括加、减、乘、除、相关、卷积、微分、矩阵相乘和逻辑判断等光学运算，以及傅里叶变换、对数变换、梅林变换和拉普拉斯变换等各种光学变换。光学信息处理技术涉及信息提取、编码、存储、增强、去模糊、光学图像识别等处理方式。

光学信息处理可在空域或频域内完成，但狭义上的光信息处理是指频域处理。它运用傅里叶变换效应在图像的空间频域对光学图像信号进行滤波，提取或加强所需的图像或信号，滤掉或抑制不需要的噪声，并进行傅里叶逆变换输出处理后的图像。光学信息处理可以说是在傅里叶光学的基础上发展起来的。傅里叶光学的核心在于运用透镜或其他光学元件产生二维图像的空间频谱，从而在频域对光信号进行处理。透镜可看作理想的傅里叶变换元件，它把光学图像变换成不同的空间频谱。在透镜的焦平面上进行图像的空间频域处理，然后再利用透镜的逆傅里叶变换，在透镜的焦平面上输出处理后的图像。两个透镜与输入和输出面构成 $4f$ 系统。

光学图像的加减是光学信息处理中的基本运算方法之一，它是微分运算和逻辑运算的基础。应用 $4f$ 系统可进行两个光学图像的相加或者相减运算。两个图像相对于光轴对称放置在 $4f$ 系统的输入面上，放置在透镜的后焦面上的正弦光栅将两图像的频谱进行衍射，使其在输出平面上形成两个图像的正负一级衍射像。沿横向移动光栅，当其中一个图像的正一级衍射像和另一个图像的负一级衍射像相互重合时，便可实现两图像的相加减运算。除了光栅法，实现图像相加减还可采用全息法、散斑法和塔尔博特效应等方法。

光学图像相减是求两幅相近图像的差异，并从中提取差异信息的一种运算，因此光学图像相减作为相干光学处理中的一种基本光学数学运算是图像识别的一种主要手段，在军事和民用上都有着非常广泛的应用。通过在不同时期拍摄的两张照片相减，在军事上可以发现地面军事设施的增减，在医学上可用来发现病灶的变化,在农业上可以预测农作物的长势,在工业上可以检查集成电路掩膜的疵病等。光学图像相减还可用于地球资源探测、气象变化以及城市发展研究等各个领域。

光学图像的特征识别是指在一幅输入图像中找出已知特征图像的光学处理方法。对于特征图像的光场,通过傅里叶变换全息图获得复空间滤波器,也称为特征图像的匹配滤波器。利用设计的匹配滤波器可提取淹没在噪声中的有用信号。而对于受空间可变系统干扰的图像,需要对输入图像进行坐标变换后在傅里叶频域内进行空间滤波运算,获得有效的匹配滤波器,然后再经过坐标逆变换得到输出图像。

4.1.2 透镜的傅里叶变换性质

透镜可使入射波前获得相位延迟。旁轴近似下,透镜可将垂直入射的平面波转换为球面波,对应的透镜称为会聚透镜。会聚透镜最突出的性质是它能够进行二维傅里叶变换。为了证实会聚透镜的这一性质,下面采用三种光路来进行说明。

图 4.1.1(a)给出了物体紧靠焦距为 f 的会聚透镜放置,在平面波的照射下,透过物体的光振幅为 $U(x, y) = At_0(x, y)$,其中 A 表示均匀平面波的振幅,$t_0(x, y)$ 为物体的透射率。假设透镜的光瞳函数为 $P(x, y)$,则透镜后面的光场振幅分布为

$$U_t(x,y) = U(x,y)P(x,y)\mathrm{e}^{-\mathrm{j}\frac{k}{2f}(x^2+y^2)} \tag{4.1.1}$$

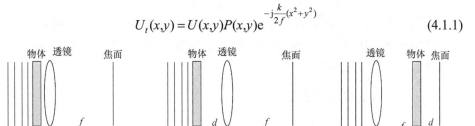

(a) 物体紧靠透镜　　　　(b) 物体放置透镜前　　　　(c) 物体放置透镜后

图 4.1.1　透镜傅里叶变换的光路

利用菲涅耳衍射公式,可得到透镜后焦面上的振幅分布为

$$U_f(x_f,y_f) = \frac{\mathrm{e}^{\mathrm{j}\frac{k}{2f}(x_f^2+y_f^2)}}{\mathrm{j}\lambda f} \iint U(x,y)P(x,y)\mathrm{e}^{-\mathrm{j}\frac{2\pi}{\lambda f}(xx_f+yy_f)}\mathrm{d}x\mathrm{d}y \tag{4.1.2}$$

式中 k 为波矢,且 $k = 2\pi/\lambda$,λ 为入射平面波的波长。当物体的尺寸小于透镜孔径大小时,上式积分项中的光瞳函数 $P(x,y)$ 可略去。此时光场的振幅和相位由物体傅里叶分量的振幅和相位决定。但由于积分号前存在二次相位因子,光场的相位不同于物体频谱的相位,物体与透镜焦面上的光场之间并不是严格的傅里叶变换关系。

图 4.1.1(b)给出了物体放置在透镜前距离为 d 的输入面上,在平面波的照射

下，投射到透镜前的光场等效为物体的菲涅耳衍射

$$U_a(x,y) = \frac{\mathrm{e}^{\mathrm{j}\frac{k}{2d}(x_f^2+y_f^2)}}{\mathrm{j}\lambda d}\iint U(x_0,y_0)\mathrm{e}^{\mathrm{j}\frac{k}{2d}(x_0^2+y_0^2)}\mathrm{e}^{-\mathrm{j}\frac{2\pi}{\lambda d}(x_0x+y_0y)}\mathrm{d}x_0\mathrm{d}y_0 \tag{4.1.3}$$

略去透镜的光瞳函数 $P(x,y)$，通过透镜后的光场再经历菲涅耳衍射到达透镜的后焦面上，焦面上的光场分布可表示为

$$U_f(x_f,y_f) = \frac{\mathrm{e}^{\mathrm{j}\frac{k}{2f}(x_f^2+y_f^2)}}{\mathrm{j}\lambda f}\iint U_a(x,y)\mathrm{e}^{-\mathrm{j}\frac{2\pi}{\lambda f}(xx_f+yy_f)}\mathrm{d}x\mathrm{d}y \tag{4.1.4}$$

当 $d=f$ 时，上式积分后积分前的二次相位因子消失。因此，当物体放置在透镜的前焦面上时，在透镜的后焦面上可得到物体的傅里叶变换。

图 4.1.1(c)则给出了物体放置在透镜后距离焦面为 d 的输入面上，在平面波的照射下，透镜的相位调制经历传输距离为 $f-d$ 的菲涅耳衍射后到达输入面，衍射光场与物函数相乘后再经历传输距离为 d 的菲涅耳衍射到达透镜的后焦面，此时的衍射光场可表示为

$$U_f(x,y) = \frac{A f\mathrm{e}^{\mathrm{j}\frac{k}{2d}(x_f^2+y_f^2)}}{\mathrm{j}\lambda d}\iint t_0(x_0,y_0)P\left(\frac{f}{d}x_0,\frac{f}{d}y_0\right)\mathrm{e}^{-\mathrm{j}\frac{2\pi}{\lambda d}(x_0x_f+y_0y_f)}\mathrm{d}x_0\mathrm{d}y_0 \tag{4.1.5}$$

式中 A 为常数。显然，焦平面上的光场为透镜投影孔径内物体部分的傅里叶变换，且相位中还相差积分前的二次相位因子。以上分析表明，只有透镜前后焦面上的光场才互为傅里叶变换。

4.1.3　光学图像的加减实验

1. 实验目的

(1) 了解傅里叶光学相移定理和卷积定理。
(2) 理解空间滤波的概念。
(3) 掌握用正弦光栅实现图像的加减运算方法。

2. 实验原理

两图像的相加和相减运算借助振幅型光栅采用 4f 光路系统完成，其工作原理如图 4.1.2 所示。将图像 A 和图像 B 置于焦距为 f 的透镜的前焦面处的输入平面 P_1 上，且两图像沿 x_1 方向相对于坐标原点对称放置。假设两图像的中心与光轴的距离均为 b，则两个图像的输入光场分布可表示为

$$f(x_1,y_1) = f_A(x_1-b,y_1) + f_B(x_1+b,y_1) \tag{4.1.6}$$

经过透镜的傅里叶变换，在透镜的后焦面即频谱面 P_2 上获得输入图像频谱。

图像频谱的光场分布为

$$F(x_2,y_2) = F_A\left(\frac{x_2}{\lambda f},\frac{y_2}{\lambda f}\right)\mathrm{e}^{-\mathrm{j}2\pi\frac{bx_2}{\lambda f}} + F_B\left(\frac{x_2}{\lambda f},\frac{y_2}{\lambda f}\right)\mathrm{e}^{\mathrm{j}2\pi\frac{bx_2}{\lambda f}} \tag{4.1.7}$$

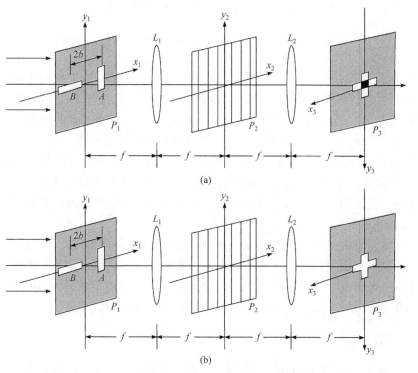

图 4.1.2　图像相加(a)和图像相减(b)的光路设计

在频谱面 P_2 上放置空间频率为 f_0 的余弦光栅，光栅的复振幅透过率为

$$H(x_2,y_2) = \frac{1}{2} + \frac{1}{2}\cos(2\pi f_0 x_2 + \varphi_0) \tag{4.1.8}$$

其中 f_0 为光栅的空间频率；φ_0 表示光栅条纹的初相位，φ_0 决定了光栅相对于坐标原点的位置。当光栅的空间频率等于 $b/(\lambda f)$ 时，经光栅滤波后的光场可表示为

$$\begin{aligned}
U(x_2,y_2) = &\frac{1}{2}\left[F_A\left(\frac{x_2}{\lambda f},\frac{y_2}{\lambda f}\right)\mathrm{e}^{-\mathrm{j}2\pi\frac{bx_2}{\lambda f}} + F_B\left(\frac{x_2}{\lambda f},\frac{y_2}{\lambda f}\right)\mathrm{e}^{\mathrm{j}2\pi\frac{bx_2}{\lambda f}} \right] \\
&+ \frac{1}{4}\left[F_A\left(\frac{x_2}{\lambda f},\frac{y_2}{\lambda f}\right)\mathrm{e}^{\mathrm{j}\varphi_0} + F_B\left(\frac{x_2}{\lambda f},\frac{y_2}{\lambda f}\right)\mathrm{e}^{-\mathrm{j}\varphi_0} \right] \\
&+ \frac{1}{4}\left[F_A\left(\frac{x_2}{\lambda f},\frac{y_2}{\lambda f}\right)\mathrm{e}^{-\mathrm{j}\left(4\pi\frac{bx_2}{\lambda f}+\varphi_0\right)} + F_B\left(\frac{x_2}{\lambda f},\frac{y_2}{\lambda f}\right)\mathrm{e}^{\mathrm{j}\left(4\pi\frac{bx_2}{\lambda f}+\varphi_0\right)} \right]
\end{aligned} \tag{4.1.9}$$

经过透镜 L_2 的逆傅里叶变换，可得到输出平面 P_3 上的光场

$$
\begin{aligned}
U(x_3,y_3) = &\frac{1}{2}[\,f_A(x_3-b,y_3)+f_B(x_3+b,y_3)] \\
&+\frac{1}{4}[\,f_A(x_3,y_3)\mathrm{e}^{\mathrm{j}\varphi_0}+f_B(x_3,y_3)\mathrm{e}^{-\mathrm{j}\varphi_0}] \\
&+\frac{1}{4}[\,f_A(x_3-2b,y_3)\mathrm{e}^{\mathrm{j}\varphi_0}+f_B(x_3+2b,y_3)\mathrm{e}^{-\mathrm{j}\varphi_0}]
\end{aligned}
\tag{4.1.10}
$$

式中包含了图像 A 的 0 级、+1 级和-1 级像以及图像 B 的 0 级、+1 级和-1 级像，其中第一行中的两项为图像 A 和图像 B 的 0 级，第二行中的两项为图像 A 的+1 级和图像 B 的-1 级，第三行中的两项为图像 A 的-1 级和图像 B 的+1 级。当光栅条纹的初相位 $\varphi_0=\pi/2$，即光栅 0 级亮条纹偏离轴线四分之一周期时，上式第二行变为图像 A 和图像 B 的相减，此时图像 A 的+1 级像和图像 B 的-1 级像在系统的光轴附近重合。当光栅条纹的初相位 $\varphi_0=0$ 或 π，即光栅 0 级亮条纹或暗条纹与轴线重合时，上式第二行变为图像 A 和图像 B 相加，此时图像 A 的+1 级像和图像 B 的-1 级像在系统的光轴附近也是重合的。

需要说明的是正余弦光栅不易精确制作，因此在实际中常用龙基光栅来替代。由于龙基光栅的透光部分与不透光部分均占周期的一半，因此龙基光栅包含了多个谐波项。它对输入信号的滤波结果最终导致多个相加和相减图形的周期排列，且随着衍射级次的升高，相加和相减图形的强度逐渐衰减。

3. 实验仪器与光路图

本实验主要仪器有 He-Ne 激光器、针孔滤波器、准直镜、透镜、光栅和电荷耦合器(CCD)。He-Ne 激光器输出的激光经过针孔滤波器进行空间滤波。在会聚透镜的焦平面上放置十几微米的针孔，消除光谱中的高频噪声，未经散射的 0 级光通过针孔，再经过准直透镜转换为平行波。平面波经物体、透镜、光栅和 CCD 构成的 4f 成像系统形成物体的像。CCD 采集图像 A 和 B 相加减后的图样。光学图像相加减的实验装置如图 4.1.3 所示。

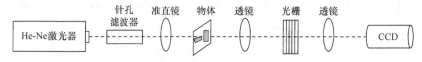

图 4.1.3　两图像相加减的实验光路图

4. 实验内容

1) 两图形的结构设计

首先制备适当的图形并选择合适的光栅。本实验采用两个透光的长条形孔作

为目标图像,其中孔 A 竖直放置,而孔 B 水平放置,两者中心相距为 $2b$。为了实现图像的相加和相减,光栅的空间频率需满足 $f_0 = b/(\lambda f)$。根据透镜的焦距、入射波长和光栅的空间周期,计算两图形的间距 b。为了使两图像的 0 级像和 ±1 级像能分开,两图形的距离 b 必须大于图形的长边的长度。制作两图形时,使用的光栅频率 f_0 为每毫米 100 线,傅里叶变换透镜的焦距 f 为 150mm,照明波长 λ 为 632.8nm,可计算获得两图形间距 b 约为 9.49mm。

2) 搭建 $4f$ 成像系统光路

调节 He-Ne 激光器使输出光束与台面平行,借助白屏或小孔光阑标记激光光束位置。调节针孔滤波器将光束进行扩束,放置准直透镜进行激光束准直,沿光轴方向前后移动准直透镜,并观察近处和远场的光斑大小,获得平行光。调节针孔滤波器支架使准直光斑以白屏或小孔光阑标记位置为中心。将焦距相同的两透镜放入光路中,且两透镜的间距为两倍透镜焦距。将实际的图形放置在第一个透镜的前焦面上,将光栅放置在两透镜之间,CCD 放置在第二个透镜的后焦面上,形成 $4f$ 成像系统。

3) 两图形的相加和相减处理

将光栅固定在移动平台上,并放置在第一个傅里叶变换透镜的后焦面上,光栅栅线方向为竖直方向,调节光栅位置并观察 CCD 屏幕上图形 A 的 +1 级衍射像和图形 B 的 -1 级衍射像直至图像 A 的 +1 级衍射像和图形 B 的 -1 级衍射像重合。横向调节光栅,观察到图像 A 的 +1 级衍射像和图形 B 的 -1 级衍射像重合处交替出现图形 A、B 相加和相减的效果。相加时两图形重合处特别亮,相减时两图形重合处变得全黑。如果相减时图案叠加部分未能全部变黑,则进一步微调光栅沿光轴的前后位置。

思考题

(1) 分析影响图像相减清晰度的原因。

(2) 光栅横向微调是否对图像相加减的周期产生影响?

(3) 能否使用相位型光栅进行图像的相加和相减处理?

(4) 物体的位置是否对图像相加减的结果有影响?

4.2 联合傅里叶变换相关图像识别

4.2.1 图像识别技术

图像识别技术是指以图像为识别对象进行各种不同模式的识别技术。人类对图像的识别是依靠图像本身特征进行分类的,将看到的图片经大脑迅速感应到是否见过它或是否见过与其相似的图片，通过图像具有的特征将图像识别出来。计算机对图像识别技术和人类对图像识别技术原理相同，只是图像识别是借助计算机技术进行识别完成的。目前图像识别技术可对静态和动态图像进行识别，因此图像识别技术广泛出现在导航、地形配准、自然资源分析、天气预报、环境监测、生理病变研究、军事侦察、公安刑侦、智能机器人等许多领域。

图像识别经历了文字识别、数字图像处理与识别和物体识别三个发展阶段。随着图像识别技术的快速发展，它已经成为人工智能的一个重要领域。人们提出了不同的图像识别模型并编写了模拟图像识别活动的计算机程序。借助预先设计模板，利用匹配模型识别某个图像，如果图像与模板相匹配，这个图像就被识别。实际上存储无数多个要识别的模板是难以实现的，但可以借助具有某些相似的图像为原型来进行图像识别。这就是格式塔心理学家提出的原型匹配模型，但是这种模型难以在计算机程序中实现。为了适应各种情况，更复杂的模型被不断提出。

除了模板匹配识别，图像识别中也常采用模式识别。模式识别是指对事物或现象的不同信息做分析和处理进而对事物或现象做出描述、辨认和分类的过程。模式识别先从大量信息和数据出发，在已有经验和认知基础上，利用计算机和数学推理的方法对形状、模式、线型、数字、字符和图形进行识别和评价。不难发现，模式识别包括学习和实现两个阶段。前者是对样本进行特征选择并找出分类规律，后者则是根据分类规律对样本进行分类和识别。

图像识别包括信息的获取、预处理、特征抽取和选择、分类器设计和分类决策等内容。信息的获取是通过传感器完成，这需要将光或声音等信息转化为电信息。信息可以是文字和图像等二维的图像，可以是声波、心电图和脑电图等一维波形，还可以是物理量或者是逻辑值。预处理指图像处理中的去噪、平滑、变换和滤波等操作，包括通过 A/D 数据转换、数据二值化和图像增强等来加强图像的重要特征。特征抽取和选择是在模式识别中对图像的特征进行抽取和选择，这是图像识别的关键。分类器设计的主要功能是通过训练确定判决规则，将错误率降到最低。分类决策则是在特征空间中对被识别对象进行分类。自然地，光学图像分析与识别系统主要包括光学图像采集及检测、光学图像预处理、光学图像特征提取以及匹配与识别。

光学图像分析与识别是近代光学信息处理的一个热点领域。傅里叶变换是光学图像分析与识别中常用的技术，它通过将空间图像的灰度分布变换为图像的频率分布，在频域对图像进行有目的分析与识别进而实现图像识别。基于光学相关器的光学图像特征识别系统结合光学信息处理和数字计算的优势，具有二维并行、大容量和高速处理等特点，因此图像识别技术涵盖图像匹配、图像分类、图像检索、人脸检测、行人检测、互联网搜索引擎、自动驾驶、医学分析、遥感分析等领域。

4.2.2　联合傅里叶变换相关的物理基础

两幅图像中前幅图像作为后幅图像的模板，通过相关计算判断两幅图像之间的相似性。当相似度最大或超过某一阈值时，则两图像是相关的，这就是相关匹配技术。光学相关处理就是用光学的方法通过探测两个物体的相似程度以从混乱的图像中找出我们所需要的目标，达到图像识别的目的。光学相关探测大致分为匹配滤波相关和联合变换相关。匹配滤波相关是在第一级傅里叶变换频谱面上放置一个匹配滤波器，目标图像的傅里叶频谱经滤波器滤波后再进行第二次傅里叶变换，便可得到相关输出。在光学相关探测中所应用的最关键的光学器件是傅里叶变换透镜，实现匹配滤波的典型光学系统就是 4*f* 傅里叶变换系统。

联合傅里叶变换相关是参考图像与目标图像同时输入 4*f* 傅里叶变换系统，在第一个傅里叶变换平面上记录联合变换功率谱，联合傅里叶变换相关功率谱经过第二次傅里叶变换后获得一对相关输出。联合傅里叶变换功率谱的记录过程如图 4.2.1 所示，图中参考图像为 G，待识别图像为 F。两幅图像均位于傅里叶变换透镜的前焦面上，两者相对于光轴对称放置。在准直的激光照射下，两幅图像经过透镜进行傅里叶变换。在傅里叶变换透镜的后焦面上得到两者的傅里叶频谱。

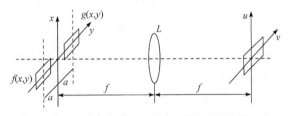

图 4.2.1　联合傅里叶变换功率谱的记录

假设傅里叶变换透镜焦距为 *f*，待识别图像 F 的透过率为 $f(x, y)$，其中心坐标为 $(-a, 0)$，参考图像 G 的透过率为 $g(x, y)$，其中心位于 $(a, 0)$，则两幅图像在透镜的后焦面上的复振幅分布可表示为

$$S(u,v) = \int_{-\infty}^{\infty} \int_{-\infty}^{\infty} [f(x+a,y) + g(x-a,y))] \exp\left(-\mathrm{j}\frac{2\pi}{\lambda f}xu\right) \mathrm{d}x\mathrm{d}y \qquad (4.2.1)$$

依据傅里叶变换的平移特性，上式积分可得到

$$S(u,v) = \exp\left(\mathrm{j}\frac{2\pi}{\lambda f}au\right)F(u,v) + \exp\left(-\mathrm{j}\frac{2\pi}{\lambda f}au\right)G(u,v) \qquad (4.2.2)$$

式中 $F(u, v)$、$G(u, v)$ 分别是 $f(x, y)$ 和 $g(x, y)$ 的傅里叶变换。定义两幅图像的联合傅里叶变换的功率谱为 $I(u, v) = |S(u, v)|^2$，由上式可得到两幅图像的联合傅里叶变换

的功率谱表达式为

$$I(u,v) = |F(u,v)|^2 + \exp\left(\mathrm{j}\frac{4\pi}{\lambda f}au\right)F(u,v)G^*(u,v)$$

$$+ \exp\left(-\mathrm{j}\frac{4\pi}{\lambda f}au\right)F^*(u,v)G(u,v) + |G(u,v)|^2 \qquad (4.2.3)$$

当两个图形完全相同时，即 $f(x,y) = g(x,y)$，上式可简化为

$$I(u,v) = 2|F(u,v)|^2\left[1 + \cos\left(\frac{4\pi}{\lambda f}au\right)\right] \qquad (4.2.4)$$

因此相同图形的联合傅里叶变换的功率谱为干涉条纹。

联合傅里叶变换功率谱的相关读出过程如图 4.2.2 所示，傅里叶变换透镜对联合变换功率谱进行第二次傅里叶变换。

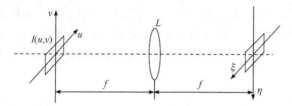

图 4.2.2　联合傅里叶变换功率谱的相关读出过程

将联合变换功率谱放置在傅里叶变换透镜的前焦面上，于是在傅里叶变换透镜的后焦面上的光场分布为

$$o(\xi,\eta) = \int_{-\infty}^{\infty}\int_{-\infty}^{\infty}I(u,v)\exp\left[-\mathrm{j}\frac{2\pi}{\lambda f}(\xi u + \eta v)\right]\mathrm{d}u\mathrm{d}v \qquad (4.2.5)$$

将公式(4.2.3)代入上式，积分得到

$$o(\xi,\eta) = o_1(\xi,\eta) + o_2(\xi,\eta) + o_3(\xi,\eta) + o_4(\xi,\eta) \qquad (4.2.6)$$

其中 $o_1(\zeta,\eta) = \iint f(\alpha,\beta)f^*(\alpha-\zeta,\beta-\eta)\mathrm{d}\alpha\mathrm{d}\beta$ 为待识别图像 F 的自相关，$o_4(\zeta,\eta) = \iint g(\alpha,\beta)g^*(\alpha-\zeta,\beta-\eta)\mathrm{d}\alpha\mathrm{d}\beta$ 为参考图像 G 的自相关，两者形成位于光轴上的零级项。$o_2(\zeta,\eta) = \iint f(\alpha,\beta)g^*[\alpha-(\zeta-2a),\beta-\eta]\mathrm{d}\alpha\mathrm{d}\beta$ 为待识别图像 F 与参考图像 G 的互相关，$o_3(\zeta,\eta) = \iint f(\alpha,\beta)g^*[\alpha-(\zeta+2a),\beta-\eta]\mathrm{d}\alpha\mathrm{d}\beta$ 为待识别图像 F 与参考图像 G 的互相关，两者分别位于光轴两侧，且距光轴的距离为+2a 和–2a。

如果 F 和 G 完全相同，相关输出为相关峰值，呈现明显的亮斑。这是因为待识别图像与参考图像完全相同时，联合傅里叶变换的功率谱的傅里叶变换必然出

现一对分离的±1 级亮斑和位于中心的 0 级亮斑。如果待识别图像与参考图像部分相同，则相关峰值变小，光斑弥散变大变暗。如果待识别图像与参考图像不同，相关输出无峰值输出。因而可借助于相关峰值的锐度来评价待识别图像与参考图像的相关程度。

不难发现上述系统是相干光学系统。鉴于系统的相干噪声和装置较高的定位要求为许多应用带来的影响，系统也可采用非相干光学系统有效克服相干噪声的影响来实现图像识别。

4.2.3 联合相关字符识别的实验测量

1. 实验目的

(1) 了解傅里叶变换在光学图像识别的作用。

(2) 了解电寻址液晶空间光调制器的光学特性。

(3) 掌握马赫-曾德尔干涉系统在图像识别中的应用。

2. 实验原理

联合傅里叶变换相关记录和相关读出之间需要用平方律介质或器件将联合变换的光振幅转换成功率谱，该过程可借助于空间光调制器实时完成。空间光调制器由许多独立单元构成，这些单元在空间上排列成一维或二维阵列，每个单元可以独立地接收光学信号或电学信号的控制，利用介质的泡克耳斯效应、克尔效应、声光效应、磁光效应、光折变效应以及电光效应等各种物理效应来改变自身的光学特性，进而对照明光波进行调制。因此可将联合变换功率谱输入空间光调制器中来实现相关读出。

对于空间光调制器来讲，控制信号可看作写入信号，被调制的输入光波可看作读出光信号。写入信号对应控制调制器的像素信息，因此把信息传送到相应像素位置上去的过程称为寻址。空间光调制器按照读出光读出方式的不同分为反射式空间光调制器和透射式空间光调制器。按照输入控制信号方式的不同又可分为光寻址空间光调制器和电寻址空间光调制器。光寻址空间光调制器是利用适当的光学系统把二维光强图像成像到空间光调制器上，写入信号像素与调制器像素对应从而实现寻址。由于所有像素的寻址是同时完成的，因此光寻址是一种并行寻址方式，寻址速度快且像素的大小只受寻址光学成像系统分辨率的限制。为防止写入光和读出光间的串扰，光寻址空间光调制器常做成反射式的，并使用隔离层使两束光互不干扰，也可使用不同波长的光，借助滤光片消除它们的串扰。

电寻址空间光调制器中一对相邻的行电极和一对相邻的列电极间的区域构成一个像素。由于电信号是串行信号，因此电寻址是串行寻址，处理速度慢且电极的尺寸也限制了像素尺寸，不透明电极致使空间光调制器的开口率较低，光能利用率也不是很高。然而电寻址空间光调制器使用比较方便，仍然广泛应用于光电实时接口、光逻辑运算、阈值开关、数据格式化、输入存储、输出显示等方面。最常见的空间光调制器是液晶光阀。液晶光阀是由两片平板玻璃和中间填充的液晶材料组成的液晶相位延迟器。玻璃片上镀上透明电极与校准层，通过电压控制液晶分子的折射率可实现对光的相位延迟。

实验上，利用二维电荷耦合器件(CCD)探测两目标的傅里叶变换的功率谱，功率谱对应的电信号输送给电寻址空间光调制器，然后利用透镜的傅里叶变换便可获得两物体的相关测量，因此液晶光阀与 CCD 结合可实现联合变换相关记录的光振幅到功率谱的转换。如果 CCD 的线度或宽度与空间光调制器的线度或宽度相同，两傅里叶变换透镜的焦距也相同，坐标为±2a 处出现两图像的相关峰值。但在实际情况下，CCD 的线度或宽度与空间光调制器的线度或宽度不一定相同，两傅里叶变换透镜的规格也可能不一致，此时两图像的相关峰值将出现平移现象。假设 CCD 的线度为 A_1，空间光调制器的线度为 A_2，记录和读出过程中傅里叶透镜的焦距分别为 f_1 和 f_2，则输出的相关峰的平移量为

$$\Delta = \frac{f_2}{f_1} \cdot \frac{A_1}{A_2} \tag{4.2.7}$$

3. 实验仪器与实验装置

本实验主要仪器有 He-Ne 激光器、分光光楔、空间光调制器、CCD、透镜、针孔滤波器、偏振片、目标识别物板、可调衰减器、光阑、两维调节架、计算机和米尺，实验装置如图 4.2.3 所示。He-Ne 激光器输出的激光依次经过光阑、针孔滤波器、准直透镜后被分光光楔分为两束光，其中一束作为相干光照射空间光调制器用于相关输出，另一束再被分光光楔分为两束光，由反射镜和分光光楔进行合束，形成马赫-曾德尔干涉系统。在干涉系统两光路上分别放置目标物和识别物。CCD 记录经透镜傅里叶变换获得的两物体的相关功率谱。

4. 实验内容

1) 联合傅里叶变换功率谱的测量

按照图 4.2.3 搭建光路，调节 He-Ne 激光束的高度，放置可调衰减器控制激光强度。调整带针孔的空间滤波器将细激光光束变为亮度均匀的圆光斑。放置透镜进行光束准直。搭建马赫-曾德尔干涉系统。将透镜放置在马赫-曾德尔干涉系统的输出端，利用 CCD 测量两路信号的干涉图样。调节两分光光楔的二维调节架，在监视器上获得清晰的杨氏条纹功率谱。在马赫-曾德尔干涉系统两臂上放置两片目标物和识别物，调节它们的位置使它们到分光光楔的距离相等，放置目标

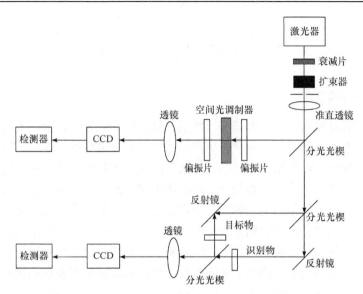

图 4.2.3　联合傅里叶变换相关识别的实时测量光路图

物和识别物时注意镜面反射效应。放置傅里叶变换透镜使其距物体的距离为透镜
焦距，移动 CCD 使 CCD 距透镜的距离也等于透镜的焦距。分别将两目标物识别
板上的相同及不同字符移动到光斑中，观察并记录联合傅里叶变换功率谱清晰度。

2) 联合傅里叶变换功率谱的相关读出测量

在上述实验内容的基础上，按照图 4.2.3 将电寻址空间光调制器放置在第一个
分光光楔的反射光路上，在空间光调制器的前后各放置一个偏振片，并使两偏振
片的透光方向相同。利用数据线将计算机的视频信号通过视频信号分频器输入到
空间光调制器中。在电寻址空间光调制器后面放傅里叶变换透镜，且使透镜到空
间光调制器的距离为透镜焦距。在傅里叶变换透镜的后焦面上放置另一 CCD，通
过连接监视器观察字符相关的相关峰点。对比"大大""大小""小孔""山东"
等组合文字的相关，描述随组合文字的相对移动过程中呈现的相关峰点的清晰锐
利度。更换透镜重复上述实验，观察字符相关的相关峰点的平移情况。调整空间
光调制器的后偏振片的透光方向，使两偏振片的透光方向垂直，重复上述操控，
观察组合文字在相对移动过程中呈现的相关峰的变化。

思考题

(1) 分析两偏振片透光方向取不同状态时结果相同的原因。

(2) 分析两 CCD 位置偏差对两字符相关峰的影响。

(3) 分析目标物和识别物位置偏差对组合文字相关峰的影响。

(4) 解释实验中需将目标物和识别物的字符左右反向放置的原因。

4.3　频域调制假彩色编码

4.3.1　彩色编码技术

彩色编码是用彩色条纹形成编码图案，并利用颜色信息完成解码的过程。彩色编码图案与灰度图案相比包含了更多的信息，但是易受噪声影响，因此对硬件设备的要求较高。近年来，彩色编码方法广泛应用于物体轮廓或形状的三维测量中。彩色编码可以分为一维编码和二维编码两种方式。一维彩色编码是指利用光线对光平面的投影角信息进行编码，因此编码时只需沿一个方向改变颜色从而形成彩色条纹。二维彩色编码则是指用红、绿、蓝三种颜色的正方形组成二维编码平面，并将其附在被测物体的表面上。分别获取被测物体的两幅彩色图像，通过计算机图像处理找出两个图像中的匹配点，借助匹配点的视差获取物体的三维轮廓信息。

对于一幅彩色图像，需要给出图像中每个像素的亮度参数和该像素的彩色代码来指定这一像素的色彩。通常需要对红、绿、蓝这三种基色分别进行编码处理。将红、绿、蓝中每一种颜色取 0 和 1 两个值。如果两个颜色条纹组成一组，分别代表二进制的高位和低位，可以有四种不同的组合。为避免彩色条纹间颜色混淆，加大条纹空间周期，可在两个彩色条纹间插入黑色条纹，这就是简单的二位二进制彩色编码。

对三基色进行组合，可得到白、黑、红、绿、蓝、青、品红和黄八种颜色。利用这八种颜色可进行四位二进制彩色编码。确定了颜色之间的匹配关系便可实现彩色编码和解码。若将八个颜色又分成两组，白、红、绿和蓝为一组且标记为 1，而黑、青、品红和黄为一组且标记为 0。用白和黑代表二进制中八位上的值，用红和青代表二进制中四位上的值，用绿和品红代表二进制中二位上的值，用蓝和黄代表二进制中个位上的值。于是二进制中 4 位数有 16 种不同的组合，这种编码就是四位二进制编码，利用该方法可得到周期为 64 个条纹的编码条纹图，如图 4.3.1(a)所示。解码时首先在被测物采样图中确定白色和黑色条纹位置并找出随后三个条纹的颜色。按照四个条纹的颜色来确定该组条纹的编码值。然后把测量图像中的所有条纹在图像中的位置记录在数组，用测量数组与基准数组相减便可得到测量图像中编码条纹相对基准面的平移距离，用测量系统的结构常数乘以编码条纹平移量便得出被测物体测量点的高度。

此外，还可选用红、绿、蓝、青、品红和黄六种颜色进行彩色组合编码。从任意位置读取连续的五个条纹，由它们组成的颜色序列是唯一的，根据颜色序列的唯一性可以确定空间位置与颜色的匹配关系，从而计算出物体的高度。解码时

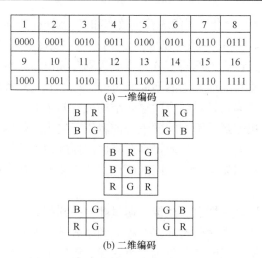

1	2	3	4	5	6	7	8
0000	0001	0010	0011	0100	0101	0110	0111
9	10	11	12	13	14	15	16
1000	1001	1010	1011	1100	1101	1110	1111

(a) 一维编码

(b) 二维编码

图 4.3.1　彩色编码示意图

从任意位置读取连续的五个条纹并与已知的条纹序列相比较即可确定它在视场中的位置。然而该方法不适合物体表面存在断裂或高度突变情况。

在二维彩色编码的过程中，利用红、绿、蓝三种颜色组成正方形，将四个正方形组成一组。每一组中利用红绿蓝颜色的排列组合不同，可形成 81 种不同的排列组合。每一个非边缘上的正方形同时也是相邻四个组中的一个元素，如图 4.3.1(b)所示。通过计算机对两幅图像进行分色处理就可以得到每一个正方形与它相邻正方形的颜色排列次序，根据这四个正方形颜色的排列次序就能唯一地确定它们的编码值。该方法要解决的关键问题就是寻找匹配点。计算机视觉处理方法一般是以被测物体上的一些特征点作为匹配点，但是由于物体表面缺乏足够的点用作匹配点，因此该方法的应用范围有限。

4.3.2　假彩色编码

通常黑白图像按其密度或者灰度的大小分成若干等级，灰度等级有 8 级、16级、32 级和 64 级。人眼对灰度的识别能力最多有 15～20 个等级。而人眼对色度的识别能力却很高，可以分辨数十种乃至上百种色彩。因此在图像信息的识别与分析中，人眼对灰度图像的感知能力远不如彩色图像。若将不同灰度等级的像元用不同彩色进行编码，可获得一种假彩色密度分布图像。

假彩色编码是利用编码的方法将黑白图像的灰度转换为不同彩色色调的过程。通常把黑白底片的像素按灰度级映射到彩色空间，分割越细则彩色越多，因此假彩色编码能提取更多的信息从而达到图像增强的效果。假彩色图像处理技术最初是凭色感经验对黑白图像进行着色处理，而计算机图像处理技术的发展实现了黑白图像的假彩色图像处理的数字化，图像的着色效率和着色质量得到极大提高。目前假彩色编码处理已在气象检测、医学图像测量、遥感数字图像处理等方面获得应用。

假彩色编码按其性质的不同可分为空域假彩色编码、频域假彩色编码和等密度假彩色编码等，按其处理方法的不同又可分为相干光处理和白光处理两种假彩色编码。空域假彩色编码是对图像的空间结构进行彩色编码。等密度假彩色编码则是对图像的不同灰度赋予不同的颜色。前者用于突出图像的结构差异，而后者则用来突出图像的灰度差异，从而提高对黑白图像的视判读能力。频率假彩色编码是对图像的不同空间频率赋予不同的颜色，从而使图像按空间频率的不同显示不同的色彩。

频率假彩色编码是先把黑白图像经过傅里叶变换到频域，在频域内通过设置不同传递特性的滤波器，进而分离成多个独立频率分量。对各频率成分进行逆傅里叶变换，便得到多幅不同频率分量的单色图像。最简单的方法是对图像中不同待编色部分附加不同取向的光栅，制成光栅片，然后用白光照明该光栅片，在频谱面上便得到零级重合的多列传输方向不同的彩色频谱。如果在频谱面上放置空间滤波器，让不同方向的衍射斑透过不同的颜色，就能在像面上得到彩色像。这种假彩色编码是利用不同取向的光栅对图像不同空间部位进行调制实现的，因此称这种假彩色编码为空间假彩色编码，又称 θ 调制假彩色编码。

4.3.3　θ 调制假彩色编码的实验验证

1. 实验目的

(1) 了解彩色编码的意义。
(2) 掌握假彩色编码的基本原理。
(3) 熟练运用光栅实现频域假彩色图像编码。

2. 实验原理

待假彩色编码的物体在白光照明下经过如图 4.3.2 所示的光路进行信息处理，在 4f 系统的频谱面上形成一系列频谱，该过程可简称为分频过程。物体的各频谱光在第二个透镜的焦面上相干叠加形成物体的像，该过程称为合频过程。在 4f 系统的频谱面上加入空间滤波器，通过对物的频谱选择进而改变物体像的空间频率。

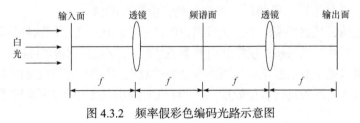

图 4.3.2　频率假彩色编码光路示意图

对一幅图像的不同区域按照方位角不同进行光栅预处理，如图 4.3.3(a)所示，天空、天安门和草地三个区域分别用删线方向为负 θ、0°和正 θ 的光栅进行标记。若要使草地、天安门和天空三个区域呈现三种不同的颜色，则可在一胶片上曝光三次，每次只曝光其中一个区域，并在其上覆盖相应取向的光栅。这样经过三次曝光后获得的调制片经显影、定影处理后制成透明胶片，便获得了编码的图像。将透明胶片放在 $4f$ 系统中的输入面上，在白光照明下，经光栅处理后的图像在频谱面上以不同的方位角呈现天空、天安门和草地的频谱，且它们的频谱呈彩虹颜色。如图 4.3.3(b)所示，其中天安门用删线竖直的光栅调制，天空用条纹左倾 60°的光栅调制，地面则用条纹右倾 60°的光栅制作。

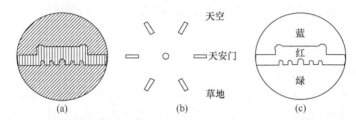

图 4.3.3　(a)光栅编码的图像、(b)调制物的频谱分布和(c)假彩色图像示意图

在频谱面上不同方位角的地方开一些小孔，利用带有多个小孔的光屏或不透明物构成的小孔滤波器对图像的频谱进行空间滤波。不同小孔选取不同颜色的光谱透过，在信息处理系统的输出面上便得到所需的彩色图像。

小孔的位置依赖于光栅的衍射方程 $d\sin\theta = m\lambda$，其中 d 为光栅周期，θ 为衍射角，m 为衍射级次，λ 为照明波长。由此可知相同的衍射级次，波长越小，衍射角越小。对于零级衍射，任何波长的光的衍射角均为零。因此在白光照明条件下，频谱面上得到沿与各光栅栅线垂直方向的不同带状谱，除 0 级保持为白色外，光栅正负一级衍射斑均展开为彩色带，蓝色靠近中心，红色在外。在条纹竖直的光栅正负一级的衍射带中，利用小孔滤波允许红色部分透过，在条纹左倾光栅正负一级衍射带中，利用小孔滤波允许蓝色部分透过。同样地，在条纹右倾光栅正负一级衍射带中，利用小孔滤波允许绿色部分透过。最终在 $4f$ 系统的像平面上得到蓝色天空在上，绿色草地在下和红色天安门在中间的图案，如图 4.3.3(c)所示。

此外，我们也可通过改变小孔的位置，有选择地让部分图像的频谱通过从而实现不同形式的假彩色编码。在上述光栅调制图像的频谱面上，用光屏挡去水平方向的衍射频谱，则天安门的图像消失。若用光屏挡去频谱面上右倾斜方向的衍射频谱，则草地的图像消失。若用光屏挡去频谱面上左倾斜方向的衍射频谱，则天空的图像消失。若用带孔的光屏挡去其中任意两个方向的衍射频谱也可选择只保留一部分图像。很明显 θ 调制假彩色编码就是通过频率调制处理手段，提取白光中所包含的彩色并再赋予部分图像，进而将黑白图像转换为彩色图像。

3. 实验仪器与光路装置

本实验主要仪器包括待编码的物体、光栅、感光胶片、白光 LED、准直透镜、二维调节架、傅里叶变换透镜、针孔滤波器和白屏。θ 调制假彩色编码的实验光路图如 4.3.2 所示。首先通过三次曝光将天空、天安门和草地三个区域构成的图像分别用删线方向为 $-60°$、$0°$ 和 $+60°$ 的光栅进行调制，处理后的图像经曝光、显影和定影处理后制成透明胶片。然后将透明胶片放置在输入面上，LED 发出的白光经透镜准直后照明胶片。在傅里叶变换透镜的焦面上用针孔滤波器进行滤波处理，再经傅里叶变换透镜变换，在输出面上得到假彩色编码的图像。

4. 实验内容

1) 光栅调制图像的频谱分析实验

按照图 4.3.2 搭建光路，自左向右依次放置光源、准直镜、光栅调制胶片、傅里叶变换透镜和白屏。沿光轴方向前后调节准直透镜以获得平行光。调节光栅调制胶片、傅里叶变换透镜和白屏的位置，观察多列不同方向的衍射频谱直至清晰。描述零级光斑的颜色和其他级次的彩色频谱的分布规律。放置针孔滤波器，利用白屏观察滤波后的光强颜色。

2) θ 调制假彩色编码的图像观察

按照图 4.3.2 搭建光路，自左向右依次放置光源、准直镜、光栅调制胶片、傅里叶变换透镜、针孔滤波器、傅里叶变换透镜和白屏。沿光轴方向前后调节准直透镜以获得平行光，调节光栅调制胶片、傅里叶变换透镜、针孔滤波器、傅里叶变换透镜和白屏的位置搭建 $4f$ 系统。将 θ 调制的透明胶片放入 $4f$ 系统的输入平面上，调整高度使白光光束正入射到透明胶片上。在 $4f$ 系统的输出平面上放置白板，调整光路中各元件在白板上呈现出设计图像的清晰像。根据预想的各部分图案所需要的颜色，在频谱面上天安门对应的 ±1 级衍射光斑处的白屏上用针扎一小孔，让这组频谱的红色光通过，在草地对应的一组频谱中扎一小孔让绿色光通过，天空对应的频谱中扎一小孔让蓝色光通过。观察实验进程中白板上的彩色图像以及三个小孔制作完成时的彩色图像。

思考题

(1) 讨论影响空间假彩色编码图像质量的因素。

(2) 分析频谱面上进行扎孔滤波操作时针孔的大小对获得的彩色图像结果的影响。

(3) 光栅的周期变化是否改变空间假彩色编码图像的颜色组成？

4.4　计算与数字全息

4.4.1　光学全息技术

光学全息技术是利用物波和参考波的干涉将物波的振幅和相位信息转化成一幅干涉条纹的强度分布图的技术。记录着干涉条纹的底片经过显影和定影处理后形成一张全息图或全息照片，这就是光学全息的记录过程。在光学全息记录过程中，参考光波实现了物波波前的相位分布到干涉条纹的强度分布的转换，因此全息图相当于一复杂光栅。在相干参考光照射下，全息图发生衍射，衍射光场同时呈现直透场、物光波及其共轭波，这就是光学全息的再现过程。

假设位于记录平面上的物光的复振幅为

$$u_o(x, y) = O(x, y)\exp[j\varphi_o(x, y)] \tag{4.4.1}$$

式中 $O(x, y)$ 为物光的振幅，$\varphi_o(x, y)$ 为物光的相位。记录平面上的参考光的复振幅为

$$u_r(x, y) = R(x, y)\exp[j\varphi_r(x, y)] \tag{4.4.2}$$

式中 $R(x, y)$ 为参考光的振幅，$\varphi_r(x, y)$ 为参考光的相位。由于两者的干涉效应，记录平面上得到干涉条纹的强度分布为

$$I(x, y) = |u_r(x, y) + u_o(x, y)|^2 = |u_r|^2 + |u_o|^2 + u_r^* u_o + u_r u_o^* \tag{4.4.3}$$

式中的前两项为零级项，即背景光强，后两项为干涉项，它们记录了物光的振幅和相位信息。干涉图像可以记录在感光胶片上，也可以记录在光学材料中，由此获得全息图。用参考光照射全息图，可得到物光的再现像。

光学全息再现的图像立体感强，具有真实的视觉效应。由于全息图的各个位置都记录了物体上的光信息，因此通过全息图中一部分也可再现原物的整个图像。多个不同的图像的信息也可通过多次曝光记录在同一张底片上，且能互不干扰地再现出来。这些特征均展现了光学全息的优越性。传统的激光全息再现缺乏色调信息，于是人们将激光记录和白光再现结合实现了色调信息的记录和再现。此外，人们发现激光全息中直透场引起严重的相干噪声，白光记录和白光再现的全息图能有效去除相干噪声。

光学全息技术从物光与参考光的干涉是否同轴可分为同轴全息和离轴全息，从波前记录时物体与全息图的位置可分为菲涅耳全息、像面全息和傅里叶变换全息，从记录介质的厚度可分为平面全息和体全息。光学全息技术能适用于不同波段，X 射线、微波、超声波、电子波和地震波等均可借助干涉效应获得全息图。因此光学全息在信息处理、全息干涉计量、全息显示、侦察监视以及遥感等领域

得到广泛应用。立体电影、三维电视、虚仿展览、投影光刻、水下探测、艺术品鉴赏、信息存储以及爆炸和燃烧过程记录等均已采用了光学全息技术。

4.4.2　计算全息原理

计算全息是利用计算机设计制作全息图的技术，又称为数字全息。原理上讲，计算全息和光学全息没有本质差别，不同的是产生全息图的方法。计算全息是利用计算机程序对被记录物波的数学描述或离散数据进行处理，形成一种可以光学再现的编码图案。由于计算全息图编码的多样性和波面变换的灵活性，以及近年来计算机技术的飞速发展，计算全息技术已经在三维显示、图像识别、干涉计量、激光扫描和激光束整形等研究领域得到应用。

计算全息图的制作过程分为抽样、计算、编码和成图四个步骤。对光学图像的连续信息离散化处理后获得离散点的函数值就是物体的抽样过程。根据抽样的物函数计算全息平面上的光场分布，把全息平面上的二维光波的复振幅进行编码得到全息图的透过率。最后在计算机控制下，全息图的透过率通过成图设备形成图像。对于计算全息来讲，编码方法是最重要的内容。编码的目的就是将计算出的全息图面上的复振幅函数转化成实值函数。根据编码函数构造的不同，计算全息主要有纯计算编码型和光学模拟型两种类型。前者的编码函数是人为构造出来的，经数学证明和实验验证可以再现物光，因此这一类全息图没有传统的光学全息图与之对应，可实现三维虚构物体的显示。而后者是在研究传统光学全息图透过率函数的基础之上构建编码函数，然后用计算机来模拟光学记录过程从而绘制全息图。

编码问题实际上就是将离散的复函数变换为实函数的问题，常见的编码方法有罗曼型二元迂回相位编码、李氏四阶迂回相位编码和三阶迂回相位法构成的迂回相位编码法、修正离轴参考光的编码法以及纯相位编码法等。修正离轴干涉型计算全息图编码法是光学全息干涉记录的计算机模拟方式。在计算全息图的设计制作中，将公式(4.4.3)修正并构造的新全息函数为

$$
\begin{aligned}
H(x,y) &= 1 + 0.5[u_r(x,y)u_o^*(x,y) + u_r^*(x,y)u_o(x,y)] \\
&= 1 + O(x,y)R(x,y)\cos[\varphi_r(x,y) - \varphi_o(x,y)]
\end{aligned}
\tag{4.4.4}
$$

上式设计的计算全息图就称为修正离轴干涉型计算全息图。此时记录同样带宽的物函数所需全息图的实际带宽和参考光的载频都可减小。

一般说来，对光波振幅的编码可通过控制全息图上抽样单元的透过率或开孔大小实现，对光波相位信息的编码原理上可通过改变抽样单元的厚度或折射率来实现，但实际制作非常困难。美国科学家罗曼巧妙地利用不规则光栅的衍射效应提出了迂回相位编码方法。众所周知，平面波垂直照明平面周期光栅时产生的各

级衍射光仍为平面波，等相位面为垂直于相应衍射方向的平面。根据光栅方程 $d\sin\theta_K = K\lambda$，其中 d 为光栅周期，K 为衍射级次，θ_K 为衍射角，λ 为照明波长，则光栅的任意两条相邻狭缝在同一级衍射方向上光波的相位差为 $2\pi K$。如果某一狭缝位置有偏差，比如栅距增大了 Δ，则该狭缝与相邻狭缝在同一级衍射方向的光程差将产生附加相移

$$\phi_K = \frac{2\pi}{\lambda}\Delta\sin\theta_K = 2\pi K\frac{\Delta}{d} \tag{4.4.5}$$

上式表明附加相移与相对偏移量 Δ/d 和衍射级次 K 成正比，与入射光波的波长无关。这一规律表明通过改变局部狭缝或开孔位置可在某个衍射方向得到所需要的相位调制。罗曼基于这一原理提出了迂回相位编码方法，其基本思想是在全息图的每个抽样单元中，放置一个通光孔径，通过改变通光孔径的面积来实现光波的振幅调制，而通过改变通光孔径中心距抽样单元中心的位置来实现光波相位的编码。通常通光孔径的形状可根据实际情况来选取。

图 4.4.1 给出了采用矩形通光孔径编码的计算全息图的一个抽样单元的示意图，其中 δx 和 δy 为抽样单元的抽样间隔，$W\delta x$ 为开孔的宽度，$L_{mn}\delta y$ 为开孔的高度，$P_{mn}\delta x$ 为开孔中心到抽样单元中心的距离。我们可以选取矩形孔的宽度参数 W 为定值，用高度参数 L_{mn} 和位置参数 P_{mn} 来分别编码光波的振幅和相位。

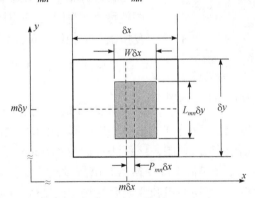

图 4.4.1　迂回相位编码单元示意图

假设经抽样得到的待记录的光波的归一化复振幅为

$$f_{mn} = A_{mn}\exp(\mathrm{j}\phi_{mn}) \tag{4.4.6}$$

则孔径参数和复振幅函数的编码关系为

$$L_{mn} = A_{mn}, \quad P_{mn} = \frac{\phi_{mn}}{2\pi K} \tag{4.4.7}$$

利用这种方法编码的计算全息图的透过率只有 0、1 两个值，因此全息图制作

简单，抗干扰能力强，对记录介质的非线性效应不敏感，可多次复制且不失真，因而该编码方法的应用较为广泛。

　　由于在罗曼型迂回相位编码计算全息图的实际制作中各单元孔存在较大的定位误差，这种全息图存在较大的再现噪声。后来美国科学家李威汉提出了一种改进的迂回相位编码技术。该方法把全息图上每个抽样点细分为四个子单元，用这四个子单元的开孔大小或透过率变化来编码该抽样点的任意复数波前，故称为四阶迂回相位编码法。全息图上每个抽样单元细分的四个子单元的透过率或开孔面积分别表示为 f_1、f_2、f_3 和 f_4，且相对位移产生的迂回相位依次为 0、$\pi/2$、π 和 $3\pi/2$，则物波复振幅可写为

$$f(x,y) = f_1(x,y) + \mathrm{j}f_2(x,y) - f_3(x,y) - \mathrm{j}f_4(x,y) \tag{4.4.8}$$

其中当 $\cos\phi \geqslant 0$ 时，$f_1(x,y) = a(x,y)\cos\phi(x,y)$，$f_3(x,y) = 0$；当 $\cos\phi < 0$ 时，$f_1(x,y) = 0$，$f_3(x,y) = -a(x,y)\cos\phi(x,y)$；当 $\sin\phi \geqslant 0$ 时，$f_2(x,y) = a(x,y)\sin\phi(x,y)$，$f_4(x,y) = 0$；当 $\sin\phi < 0$ 时，$f_2(x,y) = 0$，$f_4(x,y) = -a(x,y)\sin\phi(x,y)$。四个子单元的四阶迂回相位编码如图 4.4.2 所示。

　　纯相位计算全息图是指计算形成的全息图透过率是与坐标无关的常数，照明光通过全息图时只受到相位调制，物波信息都包含在相位分布中，利用该相位函数设计的全息图就称为相息图。若全息图记录平面上物光的复振幅为纯相位分布，物光的复振幅可表示为

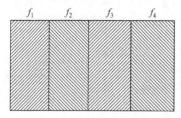

图 4.4.2　李氏四阶迂回相位编码示意图

$$O(x,y)\exp[\mathrm{j}\varphi(x,y)] = A\exp[\mathrm{j}\varphi'(x,y)] \tag{4.4.9}$$

其中 A 为常数。要获得上述相息图，我们可以通过一种迭代算法找到一种特殊的物面相位分布，图 4.4.3 给出了傅里叶变换型相息图的一种常用迭代算法流程图，该算法常称为 Gerchberg-Saxton(G-S)迭代算法。首先设定初始相位，经过傅里叶变换后频谱用设定的幅值 A 替代频谱的振幅，然后进行逆傅里叶变换。将逆傅里叶变换后的场用已知的振幅替换场中的振幅，再进行下一次循环。当输出函数满足要求时，输出纯相位函数。

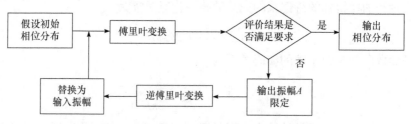

图 4.4.3　纯相位全息图的 G-S 迭代算法流程图

4.4.3 计算全息的实验验证

1. 实验目的

(1) 了解光学全息技术发展。
(2) 掌握计算全息图的编码原理。
(3) 熟练设计制作计算全息图并利用液晶空间光调制器实时全息再现。

2. 实验原理

计算全息图的制作与普通光学全息图类似。一般说来,计算全息图的制作大致可分成下述四个步骤。第一步是选择物体或波面,给出其数学描述或离散数据;第二步是计算物波在全息图面上的光场分布;第三步是把上述光场编码成全息图的透过率变化;第四步是利用光学缩版技术或空间光调制器获得高分贝的全息图输出。

根据物体和记录平面的相对位置的不同,计算全息可分为计算傅里叶变换全息、计算像全息和计算菲涅耳全息。计算傅里叶变换全息是指被记录的光波信息为物波的傅里叶变换。在实际的光路中,傅里叶变换可借助透镜实现,而这里的傅里叶变换直接通过傅里叶变换的运算实现即可。计算傅里叶变换全息直接再现的是物波的傅里叶频谱,因此需要再进行一次逆傅里叶变换才能得到物波的再现。计算像全息是指被记录的光波是物波或者物波的像场分布,此时制作计算像全息时只需要将物波函数编码为全息图的透过率变化形成计算像全息图。计算菲涅耳全息时指被记录的光波是物体发出的菲涅耳衍射波。根据物波计算在一定传输距离的菲涅耳衍射场分布,然后编码成全息图的透过率变化形成计算菲涅耳全息图。

计算全息按照全息图透过率函数的不同可分为振幅型全息和相位型全息。振幅型全息可设计为二元全息和灰阶全息。顾名思义,振幅型灰阶全息是指将按照光波的振幅的高低转换成灰阶值,振幅型二元全息则是将光波的振幅转换成 0 和 1 两个值。相位型计算全息不衰减光的能量,只调制光的相位。对光波的振幅进行编码可通过控制全息图上的单元透过率或者开孔面积即可实现,对光波的相位进行编码常需要特殊的处理手段才能得到再现效果较为理想的全息图。

当计算机完成了计算全息图的编码后,需要以适合光学再现的尺寸和方式输出计算全息图。相息图的制备必须采用纯相位型的记录介质或采用纯相位型空间光调制器进行光学再现。通常计算全息图上每个抽样单元的大小须在微米量级才能更好地实现光学再现,这就需要专门的光学缩微照相系统或微光刻系统。在要求较低的情况下也可以用照相机将显示在计算机屏幕或打印输出的计算全息原图缩拍到高分辨感光胶片上,通过显影、定影处理得到可用于光学再现的计算全息图。近年来,随着高分辨电寻址空间光调制器的发展,像元尺寸在微米量级、像素数超过一百万的振幅型或相位型空间光调制器已经完全实用化。因此也可以利用这种空间光调制器代替全息干板，实现计算全息图的实时输出和再现。计算全息图实时输出和再现技术的发展为计算全息图更广泛应用奠定了基础。

实验中可利用罗曼型二元迂回相位编码、李氏四阶迂回相位编码、修正离轴参考光的编码以及纯相位编码四种方法设计制作傅里叶变换全息，利用高分辨电寻址液晶空间光调制器来实现计算全息图的实时输出和再现。携带相息图信息的液晶光调制器在参考光照明下再通过傅里叶变换透镜便可实时输出计算全息图的光学再现结果。需要注意的是根据迂回相位编码的原理，计算全息图的再现图像出现在某个衍射级次上，因此只有在该衍射方向全息图才能再现出物波波前。

3. 实验设备与实验装置

本实验设备包括激光器、反射镜、扩束镜、傅里叶变换透镜、成像透镜、空间光调制器、CCD、计算机、光阑、衰减片等。实验装置图如图 4.4.4 所示，首先借助计算机设计傅里叶变换型相息图，然后将信息传递给空间光调制器。激光器发出的光经准直扩束后垂直照明空间光调制器，通过傅里叶变换透镜后在其焦面上便可观察到计算全息图的再现结果。再现结果被 CCD 测量。

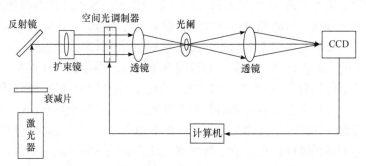

图 4.4.4　计算全息图实时记录与再现实验装置图

4. 实验内容

1) 相息图的设计与制作

利用画笔等工具设计一幅黑白图像，采用 256×256 点阵进行抽样，并以单色位图格式，即扩展名为 bmp 的格式存储。借助计算机程序将设计好的图像进行傅里叶变换，获得傅里叶变换型全息图。设计制作罗曼二元迂回相位型、李氏四阶迂回相位型、相息图型和修正离轴干涉型的计算全息图。在计算全息图的设计制作和模拟过程中，观察和记录加随机相位和不加随机相位时物体的空间频谱的差别，观察和记录各种情况下制作的计算全息图的微观结构，记录模拟再现结果。

2) 计算全息实时图像再现

按照图 4.4.4 所示的计算全息实时再现的实验装置图搭建光路。打开激光器，利用衰减片控制激光光强。利用准直扩束镜获得平行光，调制空间光调制器的高度和角度，使平行光垂直照明空间光调制器。将设计好的计算全息图显示到空间光调制器上。放置傅里叶变换透镜，用带孔的观察屏观察在透镜的焦面上光的会聚情况，滤除需要的衍射级次。将成像透镜放置在光路中，调整透镜前后位置，调节衰减片以避免强光照射 CCD，利用 CCD 测量再现结果的放大像。分别将设计好的各种计算全息图显示到空间光调制器上，重复上述操作，观察并记录再现结果。

思考题

(1) 计算全息与光学全息照相相比有哪些优点？

(2) 分析不同类型编码的计算全息图的再现结果出现差别的原因。

(3) 如何解释傅里叶变换型计算全息图制作时需要给物体加一个随机相位？

4.5　体全息光学存储

4.5.1　光学信息存储技术

光学信息存储技术是借助光与介质相互作用导致的介质性质发生变化从而将光学信息存储在介质中的技术。光学信息存储技术包含光信息写入和光信息读取两个过程。信息数字化和大信息量对存储器的存储密度、存取速率及存储寿命提出较高的要求，存储密度高、存储寿命长、非接触式读写和擦除、信噪比高的光学信息处理技术不断涌现。

传统的光学信息存储技术是以二进制数据形式存储信息，编码后的二值化数据通过光调制器改变激光强度，然后将激光聚焦到介质上，于是介质被激光烧蚀出小凹坑。这样介质上被烧蚀和未烧蚀的两种状态分别对应两种不同的二进制数。识别存储单元的这些性质变化可读出被存储的数据。光学信息存储技术经历了磁盘、光盘到光带的数据记录历程。光盘与磁盘相比有使用寿命长、存储密度高、容量大、可靠性强、图像质量好和存储成本低等优点。光带存储与光盘存储相比存储面积提高了 2～3 个数量级，并且简单的光带系统能实现高速存取。然而无论是光盘还是光带，存储密度受激光光斑尺寸的限制。

三维体全息存储、近场光学存储、双光子吸收三维数字存储、光谱烧孔存储、电子俘获存储等超高密度光电存储技术普遍被认为是下一代有实用前景的光信息存储技术。三维体全息存储技术是利用光的干涉原理，在记录材料上以体全息图的形式记录信息，并在特定条件下以衍射形式恢复所存储的信息。该技术具有存储密度高、数据冗余度高、抗噪能力强、数据并行传输、寻址速度快和能关联寻址等优点。更重要的是在介质中可借助角度复用来存储多个全息图，因此可大大提高信息的存储密度。

相对于使用光学镜头的聚焦效应开展信息读或写的远场光学存储系统，近场光学存储技术是借助于纳米尺度光学探针的针尖在纳米尺度的距离上实现光记录，因此突破了透镜聚焦光斑尺寸的远场衍射极限的制约。近场光学存储技术由于读写光斑小，从根本上实现光学存储的超高密度，极大提高存储容量。结合多光束并行处理，数据传输率还可进一步地提高。硬盘驱动器中的磁头悬浮技术和光盘存储中的光头飞行技术可直接应用于近场光学存储中。

双光子吸收三维数字存储技术是指两个细光束从两个方向聚焦至材料中，且两光束的光子频率之和等于介质中两能级间的跃迁频率，通过光与介质非线性相互作用实现三维空间的寻址、写入与读出。根据光与介质具体相互作用形式，双光子吸收光学存储分为光致色变、光敏聚合物、光致荧光漂白、光折变效应等类型。光致色变存储是在光子作用下介质发生化学变化而实现信息存储。该过程是分子尺度上的一种反应，因而能实现超高密度存储。由于光致色变具有波长依赖性，多种或多层不同吸收的光致色变材料可用不同波长写入和读出，实现多维和多波长的多重记录。

光谱烧孔存储技术是利用分子对不同频率光的吸收率不同实现用特定频率分子来存储单位信息。因此可以通过改变激光频率在介质中烧蚀孔洞来记录信息，从而达到超高密度存储的目的。电子俘获存储技术中信息的记录和读取依赖于电子俘获和释放，因此该技术具有反应时间快的特点，它可在纳秒时间实现信息的写入和读出，且不产生热效应。不难发现，在超高密度光电存储技术的发展和应用中，记录材料起到至关重要的作用。

4.5.2　晶体的光折变效应

三维多重体全息存储技术是利用光学晶体的光折变效应来记录光学信息。晶体的光折变效应是指光感生折射率变化现象。在空间调制光或非均匀光的照射下，因光电导效应晶体中的杂质或缺陷形成电子或空穴激发出来，并通过漂移、扩散和重新俘获等过程进行电荷的重新分布，于是在晶体中产生光生电场。晶体的折射率由于电光效应而发生变化，因此在晶体中形成了不均匀的折射率空间分布。对于周期变化的光照射下的晶体，形成的周期变化的折射率可等效为动态的体光栅。体光栅的建立不是即时发生的，而是需要一定的建立时间。建立时间的长短依赖于入射光的强度。弱光照射下需要足够长的时间才能产生明显的光折变效应，相反地，强光照射下可在短时间内就能产生明显的光折变效应。

激光束聚焦在 $LiNbO_3$ 和 $LiTaO_3$ 等铁电材料上进行高功率激光倍频实验时，人们发现材料出现可逆的光损伤现象，这实际是晶体的光折变效应。随着研究的深入，人们还发现铁电体、非铁电氧化物、半导体光折变晶体和量子阱材料等一系列的晶体具有光折变效应。铁电体是常用的氧化物光折变晶体，它包括 $BaTiO_3$、SBN、$LiTaO_3$、KNSBN、$LiNbO_3$、$KNbO_3$、KTN 等晶体。非铁电氧化物主要包括硅酸铋、锗酸铋及钛酸铋等。半导体光折变晶体有铬掺杂的 GaAs、铁掺杂的 InP 及 CdTe 等。

光折变效应实际上是在空间调制光照射下晶体材料发生的一种非线性光学效应。首先两束光在晶体中干涉导致在两束光角平分线垂直方向上光强的周期性分布。光较强的位置处载流子被光激发，并出现光生载流子迁移导致电场的空间分布，这种分布与光强分布在空间有 $\pi/2$ 的相位差。由于晶体具有电光效应便形成折射率变化的相位光栅。在两束光中任一束光的照明下，光折变相位光栅发生布拉格衍射。此外，能量可在两束入射光之间进行交换，因此一束入射光可被放大。当然，能量转移方向依赖于入射光的偏振特性、晶体的双折射特性和载流子电荷的符号等。

光折变效应可实现不同光束间的耦合，并在光束耦合过程中呈现诸多的光学现象。利用晶体的光折变效应可实现相位共轭进而获得畸变图像的复原，还可借助两波耦合时能量的转移实现微弱图像的增强。此外，利用光折变效应的自泵浦和互泵浦相位共轭，可制成各种特殊干涉仪来提高测量精度，两波耦合或泵浦相位共轭还可实现光记忆、光互连、光寻址和光学图像处理等。因此它在全息存储与信息处理的研究中受到广泛关注。至今为止，晶体的光折变现象已成为光学信息处理的重要手段，且广泛应用于图像处理、光通信、光计算等诸多技术领域。

4.5.3　角度复用的光学存储实验

1. 实验目的

(1) 了解体全息存储的基本原理和方法。

(2) 理解光折变晶体中动态光栅的建立过程。

(3) 掌握临界入射下体全息存储与再现光路的搭建和调试。

2. 实验原理

全息技术是利用两束相干光进行干涉来记录与重现物光的波前信息，以此获得物体的立体像。待存储物体的物光信息可输入空间光调制器，入射平行光经空间光调制器调制后便获得了物体的相关信息。物光束和参考光束以特定方向照明记录介质，在两相干光束相交的介质体积中形成干涉条纹。记录材料对干涉条纹响应并产生折射率的周期分布，于是物光信息被记录在介质中。这就是全息存储的基本原理，全息存储的记录装置如图 4.5.1 所示。参考光照明全息图读出物光的波前信息。改变空间光调制器的数据图像，便可实现不同图像的记录和读出。

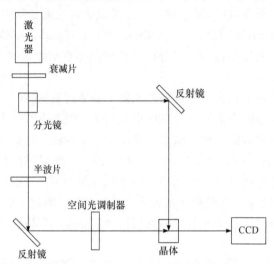

图 4.5.1　全息存储记录装置示意图

LiNbO$_3$ 晶体作为一种常用的体全息存储材料，具有高灵敏度、大存储容量和光折变的特性，在光调制、光开关、光波导和光全息存储领域获得应用。LiNbO$_3$ 中掺入一定成分的 Fe 离子或 Cu 离子等过渡金属元素可提高晶体的体全息存储性能。在光照下，具有杂质或缺陷的晶体内部形成与光强空间分布对应的空间电荷分布，由此产生相应的空间电荷场。此电场通过电光效应在晶体内形成折射率的空间调制，即相位光栅。与此同时，入射光又被自身写入的相位光栅衍射，因此晶体中形成的光栅是动态的，其动态过程可表示为

$$\Delta n(t) = \Delta n_{\max}[1 - \exp(-t / \tau_{\mathrm{w}})] \tag{4.5.1}$$

式中 τ_{w} 是晶体的写入时间常数，反映了晶体的响应速度，$\Delta n_{\max}$ 是饱和折射率调制度，即在写入时间 t 远大于光栅写入时间常数后，晶体折射率变化的幅值。

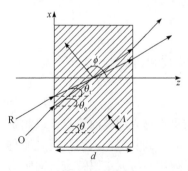

图 4.5.2　体光栅记录的几何关系

假设物光波和参考光波都是平面波，θ_{r} 和 θ_{o} 分别是参考光和物光在晶体内的入射角。根据光的干涉原理，在记录介质内部形成等间距的周期结构即体光栅，如图 4.5.2 所示。体光栅的条纹面平行于 R 和 O 两光束夹角的角平分线，它的

方向角与两光束的夹角关系为 $\theta=(\theta_r+\theta_o)/2$。体全息图对光的衍射作用与布拉格晶体的 X 射线衍射现象的解释十分相似，因而常借用布拉格定律来讨论体全息图的波前再现。体光栅常数 Λ 满足关系式

$$2\Lambda\sin\theta = \lambda \qquad (4.5.2)$$

上式称为布拉格条件，上式中 λ 为光波在介质内传播的波长，角度 θ 称为布拉格角。

若把条纹看作反射镜面，则只有当相邻条纹面的反射光的光程差均等于光波的波长时衍射光强最大。因此，只有当再现的光波完全满足布拉格条件时才能得到最强的衍射光。当读出光与写入光的波长相同时，而读出的角度稍有偏移，衍射光强将大幅度下降。考虑到读出光对布拉格条件可能的偏离，无吸收的透射型相位光栅的衍射效率可表示为

$$\eta = \frac{\sin^2\sqrt{\nu^2+\xi^2}}{1+(\xi/\nu)^2} \qquad (4.5.3)$$

其中参数 ν 和 ξ 分别由下式给出：

$$\nu = \frac{\pi\Delta nd}{\lambda(\cos\theta_r\cos\theta_s)^2} \qquad (4.5.4)$$

$$\xi = \frac{\mathrm{d}\delta}{2\cos\theta_s} \qquad (4.5.5)$$

式中 λ 是空气中的波长，Δn 为折射率的空间调制幅度，d 为晶体的厚度，δ 是由于照明光波不满足布拉格条件而引入的相位失配。当读出波的波长不变，入射角相对布拉格角的偏离为 $\Delta\theta$ 时，相位失配因子 δ 可表示为 $\delta = 2\pi\Delta\theta\sin(\phi-\theta)/\lambda$，其中 ϕ 为光栅条纹平面的法线方向与 z 轴的夹角。当读出光满足布拉格条件入射时，$\Delta\theta=0$，可知 $\xi=0$，此时衍射效率为

$$\eta_0 = \sin^2\nu \qquad (4.5.6)$$

在以布拉格角入射时，衍射效率将随晶体的厚度及其折射率的空间调制幅度的增加而增加。当调制参量 $\nu=\pi/2$ 时，η_0 达到极大值。

根据公式(4.5.3)～公式(4.5.6)，可以给出无吸收透射相位光栅归一化的衍射效率 η/η_0 随布拉格失配参量 ξ 的变化曲线。这一曲线称为选择性曲线，曲线的两个一级零点之间的距离对应的角度差称为选择角。体全息的角度选择性是利用不同角度入射的光在同一晶体中记录多幅全息图的依据。记录介质越厚，选择角就越小，因而记录的全息图就越多。例如光折变晶体材料的厚度在厘米量级，这时选择角仅有百分之几甚至千分之几度，因而可在这种厚的记录介质中存储大量的全息图而无显著的串扰噪声。

3. 实验仪器与实验装置图

本实验主要仪器包括半导体激光器、衰减片、分光镜、透镜、扩束镜、空间光调制器(SLM)、振镜、CCD、电子快门和计算机等。角度复用信息存储实验系统的示意图如图 4.5.3 所示。激光器发出的光通过分光镜分为两路，参考光路经过振镜和 4f 系统照明存储晶体，物光路经透镜的傅里叶变换照明空间光调制器，在透镜的后焦面附近照明存储晶体，再现的信号通过透镜成像在 CCD 的靶面上。

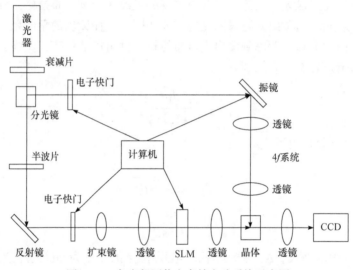

图 4.5.3　角度复用信息存储实验系统示意图

4. 实验内容和步骤

1) 全息光栅的记录

按照图 4.5.3 搭建实验光路,调节各光学元器件使它们共轴放置,放置衰减片,调节 CCD 高度, 使光斑打在 CCD 靶面中心位置。借助半波片调整参考光和物光的偏振方向使两路光偏振方向垂直。待激光器工作稳定后在两路光交汇处分别测参考光和物光的功率,调节激光出口处的半波片和参考光路中的衰减片,用功率计测量两路光的强度使物光参考光强度比约为 1∶1。在实际的存储中将记录晶体稍稍偏离频谱面放置,晶体光轴沿 45°指向,调整晶体使条纹方向和晶轴方向垂直,两路光干涉记录干涉条纹。

2) 全息图像的记录和读出

按图 4.5.3 搭建光路,在物光一路中加入扩束镜及其后面的准直透镜、SLM、两个傅里叶变换透镜和 CCD,调节各器件使它们的中心共轴。在计算机画图软件中制作出黑底白字的不同图像，并加载到 SLM 上。调节激光器出口处衰减器，调整 CCD 并在监视器上观察成像。加入晶体使两束光相交在晶体中的适当位置，调节衰减器，打开物光路的快门和参考光路的快门进行图像存储，曝光大约 15～20s 后关闭物光路快门，在 CCD 上观察图像全息重构的效果，保存再现的图像。改变振镜的方向，在 SLM 上重新加载不同图像，重复存储过程，依次在晶体不同位置存储不同的图像，实现体全息信息存储。存储完毕后，关闭物光。旋转振镜并依次回到存储不同图像时的位置再现图像，观察角度复用存储多幅全息图的效果。

思考题

(1) 试说明半波片在全息存储实验中的作用。

(2) 分析影响全息存储和再现图像的质量的因素。

(3) 角度复用全息存储中如何保证振镜旋转时参考光始终能入射到晶体中？

第 5 章　光电探测技术应用

5.1　四象限探测器与光电定向

5.1.1　光电定向技术

光电探测的本质就是把光信息转化成为电信息并且将得到的信息进行处理的技术。光电探测技术具有精度高、操作方便和便于自动控制的优点，因此在光电制导、光电准直、光电定向、光电测距及光电自动跟踪等军事和国民经济的各个领域都有广泛的应用。光探测器就是将光信号转换为便于测量的电信号的器件。光电探测器可实现可见光或近红外波段中的光学测量和探测、工业自动控制、光度计量、导弹制导、红外热成像和红外遥感。

根据器件对辐射响应的方式不同或器件工作的机理不同，光电探测器可分为光子探测器和热探测器两大类。光子探测器的工作原理是光电效应，并且根据光电效应的不同，光子探测器又分为基于光电导效应的光探测器、基于光伏效应的光探测器和基于光电发射效应的光探测器。光电子发射器件中光电管和光电倍增管是典型的探测器件，具有灵敏度高、稳定性好、响应速度快和噪声小的特点。光电导器件中光敏电阻是常见的光电探测器件，由于在可见波段和大气窗口都有使用的光敏电阻，因此广泛应用于光电自动探测系统、光电跟踪系统、导弹制导和红外光谱系统中。光伏器件中光电二极管和光电三极管是常见的探测器件，它们可将吸收的光子产生相应的电压变化，具有不发热、容易耦合且能形成阵列分布的特点。选择光电特性线性范围工作的光电探测器可获得良好的线性输出。

光电定向系统由光学系统、光电探测系统和信号采集与处理系统构成。光学系统将大部分的干扰杂散光滤除并将目标成像在光电探测器上，光电探测器将接收到的光能量转换成与之成比例的电信号，之后将其传送给信号采集与处理电路进行处理，从而确定目标的方向。光电定向系统按照工作方式的不同分为扫描振镜式、调制盘式和象限式三种工作模式。扫描式光电定向和调制盘式光电定向用于连续信号工作方式，象限式光电定向用于脉冲信号工作方式。位置探测器是光电定向系统的核心部件，它是测量目标像在探测器光敏面上的位置的一类光电探测器件。常见的位置探测器为象限探测器。

象限探测器是将光敏面分割成几个面积相等、性质相同且位置对称的区域，每个区域等效为一个光电器件。若将光敏面分割成对称的两个相同区域，则象限探测器称为二象限探测器。若将光敏面分割成对称的四个相同的区域，则象限探测器称为四象限探测器。当被测物体的位置发生变化时，来自目标的光辐射量使象限间的信号发生差异，这种差异会引起象限间信号输出的变化，根据这些变化可确定目标方位。通常二象限探测器用于测量单方向上光斑的位置，因此二象限探测器也称为一维位置探测器，而四象限探测器用于测量平面内光斑的位置，因此四象限探测器也称为二维位置探测器。四象限探测器又分为四象限光电二极管、四象限硅光电池和四象限光电倍增管等多种类型。四象限探测器具有体积小、噪声低、灵敏度高、响应度高和信号处理电路简单等特点，因此常被选作为制导、跟踪、搜索和定位等应用系统的定向探测器。

5.1.2　四象限光电探测原理

　　四象限光电探测器可实现光电定向。观察目标通常需借助成像系统完成，因此为了实现目标的方向检测，首先将成像系统的空间平面划分为均匀的四个区间即四个象限。每个象限中都有一个光电二极管，四个光电二极管制作在一起构成的光电探测器被称为四象限管。假设四象限管的分界线与直角坐标系的 x 轴和 y 轴重合，且十字形交点与光学系统的光轴恰好重合，目标将出现在成像系统的像平面的某一象限中，如图 5.1.1 所示。

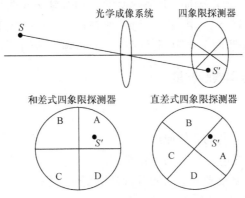

图 5.1.1　目标在四象限探测器上成像的示意图

　　图中的 A、B、C 和 D 表示四个象限。四个象限各自对应着一个输出端，每个象限对应的模拟输出信号正比于该象限中光斑的能量。当光斑在光敏面上的位置发生偏移时，不同象限上的光斑能量不同，输出端的信号也随之改变。四象限光电探测器将接收到的四路光信号转变成电信号。假设四个象限的输出电压分别为 V_A、V_B、V_C 和 V_D，根据和差定位算法不难得到光斑的位置坐标为

$$x = k[(V_A + V_D) - (V_B + V_C)], \quad y = k[(V_A + V_B) - (V_C + V_D)] \tag{5.1.1}$$

上述计算中，先计算相邻两个象限内输出的电压之和，再计算它们两者之差，

因此这种方法称为和差算法。利用该方法获得的偏移量随着光斑总能量的改变而变化，这势必会给定位带来一定的影响。为消除这一影响，光斑的偏移量在上述基础上除以四个象限的电压之和。若实际测量中四象限探测器的输出为电流，假设四个象限的输出电流分别为 i_A、i_B、i_C 和 i_D，由公式(5.1.1)可知，横向偏移量由 $i_A + i_D$ 和 $i_B + i_C$ 的差值得到，纵向偏移量由 $i_A + i_B$ 和 $i_C + i_D$ 的差值获得。此时光斑的坐标可表示为

$$x = k_0 \frac{(i_A + i_D) - (i_B + i_C)}{i_A + i_D + i_B + i_C}, \quad y = k_0 \frac{(i_A + i_B) - (i_C + i_D)}{i_A + i_D + i_B + i_C} \tag{5.1.2}$$

以上两式中比例系数 k 和 k_0 均为常量。当光斑中心与四象限光电探测器中心一致时，四个象限产生的电流输出都相等，因此可确定目标光斑的横向和纵向坐标均为零。当两者中心不重合时，两个方向的偏移量可以由公式(5.1.2)求出。

光电定向技术除了和差式的设计，还有直差式、和差比幅式和对数相减式等工作模式。直差算法常应用于四象限的光敏面如图 5.1.1 中所示的情况。当四个象限的输出电压分别为 V_A、V_B、V_C 和 V_D，光斑的坐标可表示为

$$x = k \frac{V_A - V_C}{V_A + V_B + V_C + V_D}, \quad y = k \frac{V_B - V_D}{V_A + V_B + V_C + V_D} \tag{5.1.3}$$

直差算法的线性测量范围大但灵敏度低，和差算法线性测量范围小但灵敏度高且平均误差小。由图 5.1.1 可知，无论是和差式还是直差式工作模式的四象限探测器，四个象限中任意两个象限间都存在一个间隔，该间隔通常称为死区。

5.1.3　四象限光电定向实验测量

1. 实验目的

(1) 了解单脉冲定向的工作原理。
(2) 熟悉四象限光电二极管的工作特点。
(3) 熟练运用四象限光电定向法进行光电定向探测。

2. 实验原理

四象限单脉冲定向可借助单脉冲确定目标的方向。远方射来的光信号可近似看作平面波，它在光学系统的焦平面上成像为艾里斑。在实际的定向系统中，四象限管通常不放在光学系统的焦平面上而是放在焦平面之前或之后附近的位置上。此时，来自无限远的目标光在四象限管探测面上形成近似为圆形的光斑，如图 5.1.2 所示。由于光电二极管的输出依赖于光斑的空间位置，因此可通过测量光电二极管的输出来获得光斑的位置，进而推测目标物体的方位。对于均匀材料的光电二极管，各个象限接收到的光功率与各个象限中光斑的面积成正比，因此四

象限管中各象限的输出信号也与各象限上的光斑面积成正比。

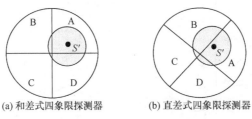

(a) 和差式四象限探测器　　　　(b) 直差式四象限探测器

图 5.1.2　焦面附近目标在四象限探测器上的成像

对于和差式四象限探测器，目标像的空间坐标可表示为(x_1, y_1)。当光轴对准目标时，圆斑中心在光轴上，此时四个光电二极管接收到相同的光功率，即得到输出相同的光信号，此时表示目标方位的偏离值的坐标为(0,0)。当光轴未对准目标时，光斑中心偏离光轴，此时四个光电二极管将输出不同的信号。

对于中心偏差量 x_1 和 y_1 的光斑，若光斑半径为 r，不难看出，光斑在各个象限探测器上的面积是光斑总面积的一部分。假设光斑强度是均匀的，各象限上的光斑面积占总光斑面积的百分比分别为 T_1、T_2、T_3 和 T_4，和差式工作模式下它们存在下述关系：

$$(T_1 - T_2) + (T_3 - T_4) = \frac{2x_1}{\pi r}\sqrt{1 - \frac{x_1^2}{r^2}} + \frac{2}{\pi}\arcsin\frac{x_1}{r} \tag{5.1.4}$$

当 $x_1 \ll r$ 时，上式可简化为 $4x_1/(\pi r)$。因此光斑的坐标 x_1 可表示为

$$x_1 = \frac{\pi r}{4}[(T_1 - T_2) + (T_4 - T_3)] \tag{5.1.5}$$

同理可得光斑的坐标 y_1 可表示为

$$y_1 = \frac{\pi r}{4}[(T_1 - T_3) + (T_2 - T_4)] \tag{5.1.6}$$

由此可见，只要能测出 T_1、T_2、T_3、T_4 和 r 就可以求得目标的直角坐标(x_1, y_1)。光斑的大小与四象限靶面的大小直接影响探测器输出信号的有效测量范围，因此四象限探测器自身硬件尺寸确定的情况下信号光斑的大小对于确定信号的定向起到决定性作用。当信号光斑的直径取不同值时，光斑在探测器光敏面的移动出现不同的有效位移，图 5.1.3 给出了光斑在四象限靶面上水平移动的情况。

不难看出，当光斑在单个探测器边缘时所能探测到的俯仰角为 0°，此时将出现视场盲区无法探测。相邻探测通道视场至少保证相切才可探测 0°～360° 的方位角。若要覆盖整个视场范围，相邻探测通道之间的视场必须存在重叠。重叠区范围越大，盲区越小。当光斑半径小于四象限靶面半径时，光斑在四象限靶面上会产生多个有效的水平位移，盲区几乎为零。当光斑直径等于四象限靶面半径时，

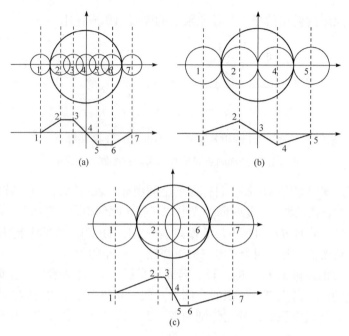

图 5.1.3　不同大小的光斑在四象限靶面上水平移动

两个探测通道相切出现盲区。当光斑直径大于四象限靶面半径时，只有两个探测通道重叠，此时盲区减小。由于四象限探测器受到自身结构的影响，因此存在探测范围小并对光斑形状和尺寸的要求高的问题。

　　如果光斑未进入光敏面或者光斑部分进入单一光敏面或者光斑进入光敏面未能覆盖四个象限的条件下，探测器将无法对光斑进行有效测量。因此四象限探测器有效测量光斑定向的条件是光斑完全进入光敏面且同时覆盖四个象限。假设光斑的半径小于探测器半径，光斑沿着光敏面的水平方向从左至右移动时，光斑出现多个不同的位置，如图 5.1.3(a)所示的五个光斑，没有完全进入光敏面的左右光斑刚好与光敏面相切。从 1—3 的移动过程中，没有满足同时覆盖四个象限的前提条件，因而此移动距离不能作为有效测量范围。随着光斑 3 继续向右移动，当同时覆盖四个象限就形成了探测器的有效测量范围。光斑 5 之后的情况也不能满足同时覆盖四个象限的前提条件，因而此后的移动距离不能作为有效测量范围。水平方向上的有效测量范围即为光斑 3 的圆心位置至光斑 5 的圆心位置之间的距离，正好等于光斑的直径，此时有效测量范围显然小于探测器的半径。

　　当光斑直径正好等于探测器的半径时，如图 5.1.3(b)所示，1—2 的移动过程中不能作为探测器的有效测量范围，2—4 的移动过程为探测器的有效测量范围，4—5 的移动过程也不能作为探测器的有效测量范围。因此水平方向上的有效测量范围为光斑的直径 $2r$，此时近似等于探测器的半径。而当光斑的直径大于探测器的半径时，如图 5.1.3(c)所示，光斑 2 和 6 与光敏面内切。当光斑完全进入光敏面后就覆盖四个象限，此时 2—6 的移动范围均为探测器的有效测量范围，水平方向上的有效测量范围小于探测器的半径。为了使图像更加清晰，图 5.1.3(b)和图 5.1.3(c)中忽略了部分图。从光斑偏移与探测器输出的关系可以看出三种不同尺寸的光斑对应的水平方向的有效测量范围不同，其中第二种情况最大。光斑偏移与探测器输出的变化效率表明第一种情况探测器的灵敏度最高。光斑偏移与探测器输出的变化线性度表明第三种情况下线性范围最大。综合考虑，光斑直径等于探测器半径时为最佳光斑的尺寸。

对于单脉冲定向系统，光脉冲通常由激光产生，脉冲宽度一般为几十纳秒量级或者更窄，重复频率一般为几十赫兹，这种信号在使用时需要经过放大与展宽。因此四象限光电探测器的四路信号需通过放大器进行放大，放大后的信号还需要通过展宽电路进行展宽。信号展宽电路如图 5.1.4 所示，该信号展宽电路由运算放大器、电容器和多个电阻组成，其中 R_1 和 R_2 的阻值根据输入信号的强弱确定，且输入电压与信号展宽电路的电源电压的比值等于电阻 R_2 和 R_1 的比值。电容器 C 和电阻 R_3 的大小对展宽的时间有直接影响。电容器 C 和电阻 R_3 越大，展宽的时间越长。信号的展宽实质上是信号峰值保持的一个特例。由于脉冲宽度非常窄，因此要求电路响应快，同时要保持较长的时间和较高的线性输出。展宽电路需将目标脉冲信号展宽到便于观察和显示的持续时间。

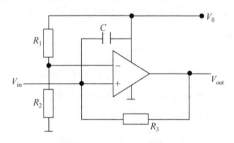

图 5.1.4　信号展宽电路

3. 实验仪器与实验装置

本实验主要仪器有 He-Ne 激光器、透镜、可调光阑、待测光栅、四象限光电探测器和米尺。光电定向测量的实验装置如图 5.1.5 所示。He-Ne 激光器输出的激光依次经过透镜、可调光阑、待测光栅到达四象限探测器，使用米尺记录各仪器间的距离。

图 5.1.5　光电定向测量的实验光路图

4. 实验内容

1) 四象限探测器特性研究

实验中四象限探测器采用和差式定向算法对光斑进行定位。假设探测器四个象限的光电特性参数完全相同，光斑能量分布为均匀分布。调制探测器位置，让光斑只打在一个象限，观察此时屏幕上显示的光斑位置图，使光斑在该象限内产生位移，观察是否会影响屏幕上定位出的中心位置的变化。让光斑打在四象限探测器的两个象限上，分别使四象限的 x 轴和 y 轴产生位移，观察并记录四个象限的电压值变化，根据电压值计算出 x_1 和 y_1，记录下光斑中心在坐标轴上时屏幕的实际位置。和差算法分析单向定位的方向。让光斑打在四个象限，移动光斑测量光斑四个象限的电压输出。测量光斑定位的盲区内四个象限的电压输出。

2) 四象限测量范围与光斑半径的关系

光斑的大小与四象限靶面的大小直接影响探测器输出信号的有效测量范围。调整光斑面积至较小值，使光斑在四象限靶面上产生水平位移，记录屏幕上显示的有效数据对应的位移长度。调整光斑面积使光斑直径近似和四象限靶面半径相等，移动光斑在四象限靶面上产生水平位移，记录屏幕上显示的有效数据对应的位移长度。进一步增大光斑面积，但不要超出整个靶面尺寸，使光斑在四象限靶面上产生水平位移，记录屏幕上显示的有效数据对应的位移长度。说明三种情况测量结果不同的原因。

3) 利用四象限探测器测量光栅衍射角

调节激光器高度，旋转激光器前面的耦合透镜使光斑发散较大。调整光阑和四象限探测器位置，使光束通过光阑并打到四象限探测器的中心。当圆形光斑充满靶面三分之二时在光阑和探测器中间插入光栅，调整光栅使其衍射零级在四象限探测器的中间位置。前后移动光栅，使光栅零级和一级距离适中，保证光斑之间的距离一定要在平移台的平移距离之内。打开四象限探测器软件分别实时测量光栅各级光斑所在位置，并利用米尺测量光栅和四象限探测器的距离。利用光栅衍射公式计算光栅衍射角，并与探测的衍射角进行比较。

思考题

(1) 四象限探测器测量的四个象限的电压是否随外界光强变化？

(2) 光栅衍射实验中为何光斑尺寸控制在靶面的三分之二范围内？

(3) 根据实验结果分析影响实验精度的因素。

5.2　相位调制与波片检测

5.2.1　相位调制技术

光波作为信息的载体能有效实现信息的加载和远距离传输。信息加载的过程就是光的调制过程，目前较为成熟的光调制方法有电光调制法、声光调制法和磁光调制法。光调制方式有振幅调制、相位调制、频率调制、偏振调制等方式。相位是光波的重要参数，它甚至在一定的条件下决定了光波的振幅和偏振，因此在光学应用特别是在偏光技术应用中，光场相位调制和检测成为光场传输和光场调控的重要技术。

由于晶体材料的双折射特性，不同偏振光在晶体中传输时折射率不同，由此可利用光晶体改变入射光波的振幅和相位差，进而改变光波的偏振态。将晶体切割成不同的厚度可获得不同相位的延迟器件。相位延迟器件就是基于晶体的双折射性质实现光学调制的重要器件。相位延迟器件广泛应用于光纤通信、光弹力学、光学精密测量等领域中。波片是常见的相位延迟器件，当相位延迟为π时，相位延迟器件为半波片，当相位延迟为π/2 时，相位延迟器件为四分之一波片。这些器件和其他偏光器件相结合，可以实现不同偏振态之间的相互转换、偏振面的旋转以及各类偏振光的调制。

除了利用晶体的双折射性质获得相位被动调制外，外加的信号也可改变晶体的双折射特性，进而获得相位的主动调制。电光调制技术就是利用由电场引起晶体折射率变化的电光效应实现光场调制的技术。外场的变化引起晶体的一对振动方向相互垂直的线偏振光的相对振幅或相位差改变。此时的晶体被称为电光调制器件，KDP 晶体常用做电光调制器件。该类晶体属于负的单轴晶体，当沿光轴方向加外电场后，KDP 晶体从单轴晶体变成了双轴晶体，沿垂直光轴方向的折射率曲面由圆变成了椭圆。沿光轴垂直的一对正交本征模的折射率可表示为

$$n_\xi = n_o - \frac{1}{2}n_o^3\gamma_{63}E_z$$
$$n_\eta = n_o + \frac{1}{2}n_o^3\gamma_{63}E_z$$

(5.2.1)

其中 n_o 为寻常光的主折射率，γ_{63} 为晶体的线性电光系数，E_z 为外加电场。若光波在晶体中传播的距离为 L 时，这两个本征模的相位差为

$$\delta = \frac{2\pi}{\lambda} n_o^3 \gamma_{63} E_z L = \frac{2\pi}{\lambda} n_o^3 \gamma_{63} V \tag{5.2.2}$$

其中 λ 为入射光波长，V 为外加电压。由此可见，沿两垂直方向振动的出射偏振光的相位差和外加电场或电压的大小成正比，因此通过调节外加电场大小可实现偏振光的调制。对于正弦调制的电压信号，即 $V = V_0 \sin \omega t$，两束光通过透光轴沿两本征模角平分线方向的检偏器的输出光强为

$$I = I_0 \sin^2 \left(\frac{\delta}{2} \right) = I_0 \sin^2 \left(\frac{\pi}{\lambda} n_o^3 \gamma_{63} V_0 \sin \omega t \right) \tag{5.2.3}$$

显然外加电压的改变也可实现光场强度的调制。晶体的调制电压相位差以及输出光强的时延关系如图 5.2.1 所示。

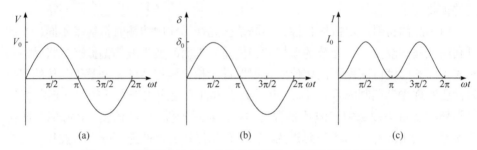

图 5.2.1　晶体调制电压、晶体的相位差、输出光强的时延关系

5.2.2 相位补偿原理

相位延迟量作为光学相位延迟器件的重要参数，与器件的厚度、光学均匀性、应力双折射等诸多因素有关，其精度直接关系到应用系统的质量，因此准确地测定相位延迟量并提高其测量精度是非常有意义的。目前光学相位延迟量的测量方法有很多，包括半阴法、补偿法、电光调制法、机械旋光调制法、磁光调制法、相位探测法、光学外差测量法、分频激光探测法、分束差动法等。光学相位延迟量测量方法的发展经历了由简单到复杂，由直接测量到补偿测量，由标准波片补偿到电光、声光和磁光补偿。不同的方法有各自的优点也有各自的缺点。补偿法存在的问题是补偿器本身会带来一定的误差，如标准波片并非完全标准的，而电光补偿时存在非线性调制以及补偿器光轴与测量光束不能完全垂直等问题。

Soleil-Barbinet 补偿器的作用类似于一个相位延迟量可调的零级波片。Soleil-Barbinet 补偿器由成对的石英晶体楔 A 和 A′以及一块平晶片 B 组成，如图 5.2.2 所示。晶体楔 A 和 A′的光轴都平行于晶体边棱，两者可以相对地移动。当两者相对移动时就形成一个厚度可变的石英片。平晶片 B 的光轴与晶体楔的光轴垂直。

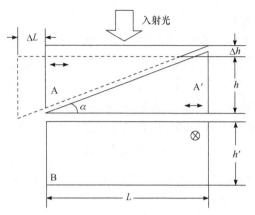

图 5.2.2　Soleil-Barbinet 补偿器的原理

设晶体楔厚度为 h，宽为 L，楔角为 α，则 $h = L\tan\alpha$。光通过补偿器产生的相位延迟为

$$\varphi = \frac{2\pi}{\lambda}\big[(n_{\mathrm{o}} - n_{\mathrm{e}})h + (n_{\mathrm{e}} - n_{\mathrm{o}})h'\big] = \frac{2\pi}{\lambda}(n_{\mathrm{e}} - n_{\mathrm{o}})(h' - h) \tag{5.2.4}$$

式中 n_{o} 和 n_{e} 分别是晶体发生双折射的寻常光和非常光对应的主折射率，h' 是平晶片的厚度。不难发现，当 h 和 h' 相同时，两束光的相位差为零，因此上述装置起到相位补偿的作用。此外，当晶体楔平移 ΔL 后，沿光束传输方向上晶体楔的厚度改变量为 $\Delta h = \Delta L\tan\alpha$。光通过平移后的补偿器产生的相位延迟的改变量为

$$\delta_\varphi = \frac{2\pi}{\lambda}(n_{\mathrm{e}} - n_{\mathrm{o}})\Delta h = \frac{2\pi}{\lambda}(n_{\mathrm{e}} - n_{\mathrm{o}})\tan\alpha \cdot \Delta L \tag{5.2.5}$$

这表明光通过补偿器后产生的相位延迟的改变量正比于厚度的改变量 Δh，也正比于晶体楔的平移量 ΔL，因此可以通过平移晶体楔实现相位的调节。

5.2.3　波片检测的实验测量

1. 实验目的

(1) 了解晶体电光调制原理。

(2) 掌握 Soleil-Barbinet 相位补偿器的工作原理。

(3) 灵活运用相位延迟补偿法进行波片测量。

2. 实验原理

本实验提出一种光学相位延迟量测量方法，该方法用调制偏振光准确判断极值点位置，用 Soleil-Barbinet 补偿器进行相位补偿，通过补偿法和电光调制法的结合降低了补偿器本身对结果的影响。因此该方法具有测量精度高的特点，有望

在更广阔的范围内使用。

对于 x 方向偏振的入射光，通过沿 z 轴方向上外场调制的电光调制晶体。电光晶体在电场作用下的感生主轴 ξ，η 方向和 x 轴成 45°角。正如公式(5.2.2)所示，此时两主轴方向上产生与外电场成正比的相位差 δ_φ，加入待测波片后又产生 δ_S 的相位延迟。相位延迟后的光束经过 Soleil-Barbinet 补偿器产生 φ 的相位延迟。借助检偏器将透射光投影到 y 轴，则输出光的相位延迟可表示为

$$\varphi_t = \delta_\varphi + \delta_S + \varphi \tag{5.2.6}$$

由于输出光的光强为 $I = I_0\sin^2(\varphi_t/2)$。假定外加的电场按正弦规律随时间变化，则输出光的光强可表示为

$$I = I_0 \sin^2\left(\frac{\pi}{\lambda}n_o^3\gamma_{63}V_0\sin\omega t + \frac{\delta_S + \varphi}{2}\right) \tag{5.2.7}$$

平移补偿器的晶体楔，当 $\delta_S + \varphi = 0$ 或者 π 时，上式与公式(5.2.3)完全相同，此时补偿器实现完全相位补偿。在完全相位补偿条件下，待测波片的相位延迟量为

$$\delta_S = 2\pi - \varphi = 2\pi - \frac{2\pi}{\lambda}(n_e - n_o)\tan\alpha \cdot \Delta L \tag{5.2.8}$$

根据补偿器的平移量即可得到波片的相位延迟，从而判断波片的类型。需要注意的是在补偿器使用前需对补偿器线性定标。不加待测波片时，由公式(5.2.8)可得补偿器的定标系数为

$$C = \frac{2\pi}{\lambda}(n_e - n_o)\tan\alpha = \frac{2\pi}{\Delta L} \tag{5.2.9}$$

该系数和光源波长、补偿器楔角及材料的寻常光和非常光的折射率差有关。补偿器每次使用前应先对补偿器定标。

3. 实验仪器与实验装置

本实验主要仪器有 He-Ne 激光器、起偏器、KDP 晶体、电光调制电源、波片、Soleil-Barbinet 补偿器、检偏器、光电探测器和示波器。He-Ne 激光器输出的光束先经过起偏器后使线偏振光的偏转方向沿水平方向。沿着 KDP 晶体的光轴方向施加外加电场，调制后的光束照明 Soleil-Barbinet 补偿器，经过偏转方向沿竖直方向的检偏器后光束被光电探测器接收，接收到的信号经过滤波放大等处理后最终结果显示在示波器上。将待测的波片插入晶体和补偿器之间，且电光调制器加电压后的感生主轴方向和待测波片及补偿器的快慢轴方向一致。波片相位检测的实验装置如图 5.2.3 所示。本实验将调制和补偿两种作用结合，使测量具有精度高、

误差小和稳定性好的优势。

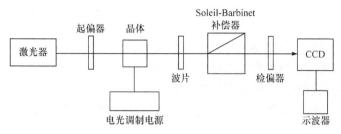

图 5.2.3　相位调制与补偿技术进行波片相位检测的实验装置图

4. 实验内容

1) 电光调制实验

调整激光器、补偿器和探测器的高度，使激光平行于台面且从补偿器的中心通过后打在探测器的接收靶面中心处。取下补偿器，放入起偏器，旋转至光强最强，放入检偏器并旋转至消光。放入电光晶体，连接好晶体电源连线，打开信号源开关，将电压值调节到 1000V 左右，此时加在晶体上的是 2kHz 的正弦调制信号。调整晶体使晶体反射光斑回到激光器的出口处。将探测器连接示波器，转动晶体直至找到 4kHz 的正弦信号(即倍频)，记录晶体调节架的刻度数，然后以这个位置为中心，顺时针或者逆时针方向旋转晶体 45°后，在示波器上都能看到一条直线。晶体出射一对偏振方向沿 KDP 晶体的感生主轴方向的正交调制偏振光，用示波器观察是否输出光为 4kHz 倍频正弦信号。

2) 补偿器的定标实验

在上述实验内容的基础上，转动晶体并在示波器上显示 4kHz 倍频正弦信号。放入补偿器，并旋转补偿器直至出现 4kHz 倍频正弦信号。然后将补偿器旋转 45°使补偿器的快慢轴方向与正交的调制偏振光的方向重合。调节 Soleil-Barbinet 补偿器平移的螺旋丝杆，观察输出信号的变化，由倍频信号(4kHz)出现的位置可定出 0 和 2π 相位延迟量对应补偿器的平移位置 x_1、x_2，两个最小值之间的平移距离 $\Delta x = x_2 - x_1$ 作为仪器常数，得到补偿器的定标系数。调节补偿器的平移旋钮，使补偿器恢复到零相位延迟位置 x_1，进入测量状态。

3) 波片相位检测实验

光电调制光路调节后，完成补偿器的定标，然后在光路中插入待测的波片。旋转波片使示波器上呈现信号倍频，标记波片的方位。然后将波片准确旋转 45°。此时待测波片快慢轴方向、补偿器快慢轴方向以及 KDP 晶体的感生主轴方向重合。调节补偿器的螺旋丝杆，平移晶体楔，找到信号倍频位置 x'，此时补偿器平移量为 $\Delta L = x' - x_1$。根据定标系数推算补偿器的相位延迟，借助公式(5.2.8)计算获得待测波片的相位延迟。

思考题

(1) 分析影响电光调制信号失真的原因。

(2) 解释为何在每次实验前要进行补偿器的定标。

(3) 为何调节电光晶体时需出现倍频信号？

(4) 分析待测波片和补偿器快慢轴方向与 KDP 晶体主轴方向不重合对测量结果的影响。

5.3　条纹投影三维面形测量

5.3.1　三维面形测量技术

三维测量是指对被测物进行全方位的测量，通常需要确定被测物的三维轮廓。三维测量涉及物体结构测量、灾害预警、城市规划、土木工程测绘以及虚拟现实等诸多领域。三维测量技术分为接触式测量与非接触式测量两种方式。接触式测量是利用探头直接接触被测物体的表面，通过探针的移动从而测得物体的三维坐标，因此接触式测量属于机械测量，常用的设备有坐标测量机。目前该技术较为成熟且具有较高的灵敏度和精度。但同时也不可避免对测量探头和被测物体表面造成损伤。非接触测量是指利用扫描技术、投影技术或者成像技术探测物体三维轮廓的技术。随着光电子技术、图像检测技术以及计算机视觉技术的进步，非接触式光学测量技术得到快速发展。非接触测量具有分辨率高、无破坏性、数据获取速度快且精度高等优点。

尽管非接触测量可通过光学、声学和电磁学等不同方法实现物体的三维测量，但近年来对物体面形的三维检测大多还是集中于非接触光学三维测量方面。目前非接触光学测量方法有激光扫描法、立体摄像法、结构光法以及计算机断层扫描和光学相位法等。激光扫描法包括点式、线状和区域式三种激光扫描方式，激光扫描速度快，但扫描精度受被测物体的材料透明度和表面光泽度影响，同时激光扫描仪价格较高。计算机断层摄影通过断层 X 射线扫描技术可重构物体截面图像。该技术在医学诊断、工业领域特别是无损检测领域获得应用。立体摄影法则是根据人体双目视觉成像原理，从两个不同的角度摄取被测物体的二维平面信息再进行三维重构。立体摄影法多应用于航空测量、机器人的视觉系统和生物医学等领域。

光栅投影法最早是将傅里叶频谱分析技术用于相位的求解，后来该技术应用于三维面形检测。基于光栅投影的三维面形测量方法，由于具有大量程、高精度、实时性强等优点，因此光栅投影法成为目前三维面形测量的研究热点。光栅投影法主要采用相位编码，因此也被称为投影栅相位法或者相位轮廓术。该方法首先采用光学投影设备将条纹投影到被测物体表面并在被测物体表面上形成二维变形的条纹图样，然后条纹图样被处于另一位置的图像采集设备拍摄进而获得条纹图像。典型光栅投影三维测量系统主要由照相机、投影仪和计算机三部分组成，如图 5.3.1 所示。

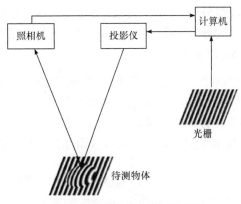

图 5.3.1　光栅投影三维测量系统

　　物体表面的高度变化将会对投射的条纹图像产生调制，条纹的变形程度取决于两设备间的相对位置和被测物体表面轮廓。早期的光学投影设备是投影机，现在使用的条纹投影设备则是液晶显示器和数字微镜。液晶显示器价格较低，应用也较多，但发热较为严重，并且像素电极的占空比较大。数字微镜可获得亮度高、对比度高与画质好的投影图像，并且可通过编程实现精确相移与可变灵敏度以及自适应测量，但同时这种设备会存在一定的非线性，因此每次使用时必须经过校正。

　　非接触三维自动测量是随着计算机技术的发展而建立起来的新技术，除了进行三维物体测量外还可进行应力形变分析和折射率梯度测量等。应用到的技术有莫尔条纹、散斑干涉、全息干涉和光阑投影等光学技术和计算机条纹图像处理技术。鉴于条纹投影以及各种光阑投影自动测量技术在工业生产控制与检测、医学诊断和机器人视觉等领域中的重要地位，利用投影式相移技术进行三维面形测量并借助计算机相移法自动处理的综合性实验是非常必要的。

5.3.2　条纹投影三维面形测量原理

　　由图 5.3.1 知，若将周期光栅投影到一平面上时，平面上将形成均匀分布的光栅条纹，同时从摄像机中观察到的光栅条纹图像也是均匀的。当光栅图像投影到高低起伏的三维物体表面时，形成不均匀分布的光栅条纹，在摄像机中观察到的光栅条纹图像也变成非均匀的分布。这说明物体高度调制了投影光栅条纹。投影光栅相位法的测量原理就是基于光栅图样投射到被测物体表面时其相位和振幅受到物面高度的调制而使光栅条纹像发生的变形。通过解调变形的条纹可以得到包含高度信息的相位变化，最后完成相位到高度的转换。

假设光栅条纹在基准平面形成的光强分布为余弦结构

$$I(x,y) = a(x,y) + b(x,y)\cos[2\pi f_0 x + \varphi_r(x,y)] \tag{5.3.1}$$

式中的 $a(x,y)$ 为背景光强分布，$b(x,y)$ 为条纹幅度，f_0 为条纹空间频率，φ_r 为条纹的初相位分布。然后在基准平面处放置被测物体，光栅条纹被物体调制而发生变形，变形后的条纹可表示为

$$I_r(x,y) = a(x,y) + b(x,y)\cos[2\pi f_0 x + \varphi_m(x,y)] \tag{5.3.2}$$

式中的 $\varphi_m(x,y)$ 为被测物体的相位。由被测物体引起的相位变化为 $\Delta\varphi = \varphi_m(x,y) - \varphi_r(x,y)$，它可利用多步相移法进行采集。常用的方法就是等间距地移动光栅并在同一点处测量光强，利用得到的光强值便可获得相位，此时相位可表示为

$$\varphi(x,y) = \arctan\left[\frac{\sum_{n=0}^{N-1} I_n(x,y)\sin(2\pi n/N)}{\sum_{n=0}^{N-1} I_n(x,y)\cos(2\pi n/N)}\right] \tag{5.3.3}$$

这里 n 和 N 均为整数，得到的相位值局限在 $-\pi$ 到 π 的范围内，形成包络相位分布。这种通过移动 N 步测量相移的方法称为 N 步相移法。

为了从测得的相位函数获得被测物体的高度分布，必须将包裹相位恢复成真实相位分布，这一过程被称为相位展开过程或者解包络过程。这一过程需要利用相位和高度的映射关系求解三维坐标，获取被测物体的真实高度信息。光栅投影三维面形测量技术中有交叉光轴系统和平行光轴系统两种类型。平行光轴系统可以减小参考面上的投影光栅像的变形，但测量场的范围受限于投影光场和成像光场的重叠部分。交叉光轴系统可以获得较大的有效测量场，但由于光栅偏置，参考面上的条纹分布不均匀，相位也呈非线性分布。虽然难于调整并且测量范围有限的平行光轴系统较少采用，但这里我们仍以平行光轴系统为例来说明相位和高度的映射关系，平行光轴系统的示意图如图 5.3.2 所示。

假设 CCD 成像系统的光轴和参考面垂直，投射系统的光轴和 CCD 光轴在同一平面内且相交于 O 点，投射光轴和成像光轴之间的夹角为 θ，反射光束和成像光轴之间的夹角为 θ'。无物体调制时，参考平面上的投影条纹是等周期分布的，其中一束光透射到 A 点。放置物体后，该光束投影到 D 点。在投影仪和照相机的角度不变的情况下，从相机端接收到的光束由于物体高度的变化，光线对应的透射点为 C 点。从 A 点到 C 点的位移携带了物体的高度信息。由图 5.3.2 可知，A

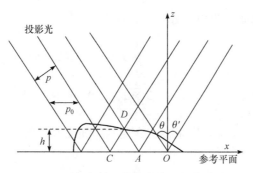

图 5.3.2　平行光轴系统中高度和相位的关系

点到 C 点的间距可表示为 $\Delta x = h(\tan\theta + \tan\theta')$。假设共轭相位面上的光栅条纹周期为 p_0，则参考平面上的 A 点到 C 点的间距对应的相位差可表示为

$$\Delta\varphi = 2\pi\Delta x / p_0 \tag{5.3.4}$$

由此可得到物体的高度为

$$h = \frac{\Delta\varphi p_0}{2\pi(\tan\theta + \tan\theta')} \tag{5.3.5}$$

5.3.3　定步长相移法三维面形实验测量

1. 实验目的

(1) 了解三维面形测量技术的工作原理。

(2) 理解投影光栅相位法的相位编码规则。

(3) 掌握定步长相移法进行物体高度的测量方法。

2. 实验原理

投影光栅相位法是光栅图样投射到被测物体表面，相位和振幅受到物体高度的调制使光栅像发生变形，解调得到包含高度信息的相位变化，根据三角法原理完成相位到高度的转换。投影光栅相位法具体主要有莫尔轮廓术、傅里叶变换轮廓术和相位测量轮廓术等相位检测方法，本实验就是采用了相位测量轮廓术进行物体高度的测量。相位测量轮廓术基于正弦光栅，利用条纹投影相移技术，将投影到物体上的正弦光栅依次移动，由采集到的移相变形条纹图计算得到包含物体高度信息的相位。

投影系统将正余弦分布的光场投影到被测物体表面，由于受到物体高度分布的调制，条纹发生形变。由 CCD 摄像机获取的变形条纹满足公式(5.3.2)，相位函数可采用定步长相移法获得。对于四步相移法，光栅每次等间距改变的相移量为

π/2，则所求被测物面上的相位分布可表示为

$$\varphi(x,y) = \arctan\left[\frac{\sum\limits_{n=0}^{3} I_n(x,y)\sin(2n\pi/4)}{\sum\limits_{n=0}^{3} I_n(x,y)\cos(2n\pi/4)}\right] \tag{5.3.6}$$

式中 $I_n(x,y)$ 表示某一点在多次采样中探测到的强度值，条纹移动过程中采集到的四帧条纹图为

$$\begin{cases} I_1(x,y) = A(x,y) + B(x,y)\cos\left[\varphi(x,y)\right] \\ I_2(x,y) = A(x,y) - B(x,y)\sin\left[\varphi(x,y)\right] \\ I_3(x,y) = A(x,y) - B(x,y)\cos\left[\varphi(x,y)\right] \\ I_4(x,y) = A(x,y) + B(x,y)\sin\left[\varphi(x,y)\right] \end{cases} \tag{5.3.7}$$

将公式(5.3.7)代入公式(5.3.6)，可以计算出相位函数

$$\varphi(x,y) = \arctan\left[\frac{I_4(x,y) - I_2(x,y)}{I_1(x,y) - I_3(x,y)}\right] \tag{5.3.8}$$

利用多步相移求相位时，由于反正切函数的截断作用，使得求出的相位分布被截断在$-\pi$和π之间，呈锯齿形的不连续状，不能真实地反映出物体表面连续的空间相位分布。因此在由相位值求出被测物体的高度分布之前，必须将此截断的相位恢复为原有的连续相位，这一过程就是相位展开。相位展开的过程是基于抽样定理进行的。

对于一个连续物面，两个相邻被测点的距离足够小，则两点之间的相位差将小于π，这表明每个条纹至少有两个抽样点，即抽样频率大于最高空间频率的两倍。数学上沿截断的相位数据矩阵的行或列方向比较相邻两个点的相位值，如果差值小于$-\pi$，则后一点的相位值应加上 2π，如果差值大于π，则后一点的相位值应减去 2π。实际中的相位数据都是与采样点相对应的二维矩阵。首先沿二维矩阵中的某一列进行相位展开，然后以展开后的该列相位为基准，再沿每一行进行相位展开，得到连续分布的二维相位函数。也可以先对某行进行相位展开，然后以展开后的该行相位为基准，再沿每一列进行相位展开。只要满足抽样定理的条件，相位展开可以沿任意路径进行。

对于复杂的物体表面，物体表面较大的起伏使得到的条纹图变得非常复杂，如条纹图形中存在局部阴影、条纹图形断裂和条纹局部区域不满足抽样定理等情况。此时相邻抽样点之间的相位变化大于π，相位展开对于这种非完备条纹图形是非常困难的。为解决这一问题，最近人们提出了网格自动算法、基于调制度分析的方法、二元模板法和条纹跟踪法等多种复杂相位场展开方法，这一问题在一

定程度上得到了解决。

　　为了进一步确定物体的高度，需要给出测量高度和系统结构参数的关系。假定物空间坐标系为 O-XYZ，参考面所在的 xoy 平面为零基准面。在参考面初始位置 $z_1 = 0$ 时，多步相移法获得参考面上的截断相位分布，该截断相位的展开相位分布为 $\varphi(i, j, 1)$，i、j 是相位图坐标系中的坐标值。将参考面沿 z 轴正方向平移一定距离 Δz 到达 $z_2 = \Delta z$ 后，同样通过多步相移法获得参考面条纹分布，并由此求得展开相位 $\varphi(i, j, 2)$。同理，依次等间距移动参考面到多个位置 $z_k = (k - 1)\Delta z$ 并得到对应位置参考面上的展开相位 $\varphi(i, j, k)$，其中 k 为整数。参考面 z_k 为后续测量的相位参考基准，因此这些参考面又称为基准参考面。

　　由相位和高度映射算法，物面相对于参考平面高度可表示为

$$\frac{1}{h(x,y)} = a(x,y) + \frac{b(x,y)}{\varphi_h(x,y)} \tag{5.3.9}$$

　　一般情况下，高度的倒数与相位倒数呈线性关系，但在实际测量中由于成像系统的像差和畸变，特别是在图像的边缘部分，两者之间的关系需用高次曲线表示。对于二次曲线，公式(5.3.9)可改写为

$$\frac{1}{h(x,y)} = a(x,y) + b(x,y)\frac{1}{\varphi_h(x,y)} + c(x,y)\frac{1}{\varphi_h^2(x,y)} \tag{5.3.10}$$

　　为了求出 a、b 和 c，基准参考平面的个数必须大于等于 4，相邻平面间的距离设为已知常数。首先设 $\varphi_h(x,y)$ 为零基准面上的连续相位分布，由其他三个平面得到的三个线性方程可解出 a、b 和 c 三个未知常数，这里每个常数都是二维常数矩阵。根据测量时得到相位图的绝对相位，就可以确定每一点的高度值即实现面形的测量。这种简便的标定法避免参数标定的繁琐过程，提高了系统的适应性。

3. 实验仪器与实验装置

　　本实验所需器件包括半导体激光器(LD)、偏振片、光纤光源、分光平片、准直透镜、正弦光栅、扩束透镜、目标物、白屏、步行电机、电机控制器、CCD，以及干板架、调节支架、导轨和光阑等辅助器件。图 5.3.3 给出了物体三维面形测量的实验系统的光路图。

4. 实验内容

1) 物体三维面形测量光路的搭建

　　用半导体激光做高度基准，将分光平片放置在导轨上，利用可变光阑校准激光束水平。逐个放入两个透镜，调整支架高度，使有无透镜时激光束中心不发生

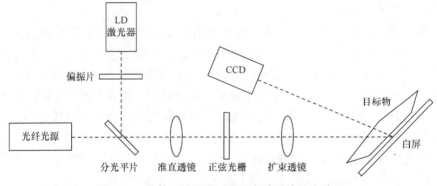

图 5.3.3　物体三维面形测量的实验系统的光路图

上下偏移。将偏振片和光栅固定在导轨上，调整支架使两光学元件与其他元件中心高度一致。将光纤光源放入光路中，调节白光点光源的高度，使从透镜出射的光通过测量物的中心。将固定标准平面的支架固定在导轨上，将固定 CCD 的导轨与固定光学件的导轨成 25°左右角安置，调节 CCD 的高度，使 CCD 镜头中心与透镜尽量等高。调节标准平面的俯仰，使标准平面垂直系统的光轴。调整两透镜间的距离，将白光点光源放置在透镜左侧的焦平面上，从该透镜出射的近似平行光照明正弦光栅，然后透过后侧的透镜照射到待测物体表面。调节 CCD 与被测面的距离，使光栅像充满整个 CCD 像面。

2) 定步长相移的物体三维面形测量

搭建物体三维面形测量光路，将正弦光栅放入调整好的光路中，调节 CCD 与被测面的距离，使光栅像充满整个 CCD 像面。调整测量物的高度，使光栅像照射到感兴趣区域，同时此区域可被 CCD 接收。打开软件图像采集功能，将有标定光源的图像信息记录下来。沿垂直于导轨方向移动光栅，每次移动 1/4 栅距，记录每次移动后的光栅图像，共计 5 幅图像。用软件处理 5 幅图像，根据公式(5.3.10)计算再现被测面的面形特征。沿垂直于导轨方向移动光栅，每次移动 1/5 栅距，记录每次移动后的光栅图像，共计 6 幅图像。重复操作并对两次测量结果进行比较，判断两次测量结果是否相同。更换物体重复测量，计算测量误差，分析误差原因，调整实验精度，优化实验方案。

思考题

(1) 分析物体三维面形系统测量误差产生的原因。

(2) 如何理解相位的标定对测量结果的意义？

(3) 对比五步相移法和四步相位法获得结果的异同并讨论其原因。

5.4　电子散斑干涉计量

5.4.1　光学干涉计量技术

　　光学干涉计量是利用干涉原理进行精密计量的一种重要方法。经典的干涉方法通常将被特定物体反射、折射或衍射的光波与另一个参考光波进行干涉。为保证良好的干涉效果，一般采用分波前干涉和分振幅干涉两种方式。杨氏双缝干涉就是典型的分波前干涉，而迈克耳孙干涉则是典型的分振幅干涉。传统的光学干涉计量只适于检测平滑表面，而不能用于粗糙散射表面测量。随着光学测量技术的不断发展，出现了全息干涉法、散斑干涉法和云纹干涉法。这些光学干涉计量方法具有一系列独特的优点，包括非接触、非破坏、高精度和高灵敏度等优点，因此在生产和研究中获得了广泛的应用。

　　全息干涉术是利用全息照相的原理获得物体变形前后的光波波阵面相互干涉产生的干涉条纹图，从而分析物体变形的一种干涉量度方法。由 Gabor 发明的全息术是借助于物波与参考波的干涉来记录物波波前，将携带物波波前的干涉图样记录在全息干板或底片上制作成全息图，全息图再在参考光的照明下实现物波的再现。对波面变形较大的波前进行干涉测量时，由于全息干涉条纹过于密集，获得的干涉图样将无法判读，传统的全息干涉也难以实现实时性测量。进入 20 世纪八九十年代，随着计算机技术的快速发展和数字器件制备工艺的不断进步，数字全息及数字全息干涉术取得了突飞猛进的发展。探测器的光敏面取代了全息干版作为记录介质，记录的全息图可进行数字化处理，进而可实现物波的实时再现。数字全息术的应用也逐渐从三维再现和信息存储发展到位移、形变和形貌等参量的实时测量。

　　散斑是指漫反射的物体表面被激光照明时在空间出现随机分布的亮暗斑状的光强分布。由于散斑随物体的变形或运动而变化，因此根据散斑的变化可高度精确地检测物体的位移，这也是散斑干涉法的基本原理。在相干光照明下，待测表面漫反射形成的散斑场与不变形的另一表面的漫反射形成的散斑场叠加构成新的散斑场，通过呈现的干涉条纹可获取待测物体表面的变形，这就是双光束散斑干涉。将物体表面变形前后形成的两个散斑图记录在同一张底片中，底片上的每个区域和物体表面相对应。底片上对应的小区域内的两个散斑图不完全相同时，表明物体表面有了位移。对所记录的底片进行分析就可以得到物体表面的位移或位移的微分，这就是单光束散斑干涉。双光束散斑干涉法可用于平板的变形与振动、轮胎的无损检验以及用于人耳膜的受迫振动等测量，单光束散斑照相可用于物体表面平动、倾斜和应变以及透明试件内部截面的位移和变形等测量。

用散斑干涉法比较容易获得物体的位移分量及其微分，但该方法只能测量物体表面的平面部分。若将全息干涉和散斑干涉两种方法联合起来便可通过一张双曝光照片获得分离的三维位移分量的全场分布。云纹干涉法是继全息照相术和散斑计量术之后发展起来的测量技术。该方法是把等间隔的平行栅线刻蚀或粘贴在待测物体表面，在两束准直光对称照明下衍射。当两束光的入射角度使一级衍射光沿试件表面的法线传输时，两束光的一级衍射光的波阵面平行，此时接收平面上无条纹。当待测物体变形时，两束一级衍射光的波阵面发生畸变在接收平面上出现条纹，干涉条纹即为物体面内位移的等值线。

5.4.2　散斑干涉计量技术

相干光照射表面粗糙的物体时，物体表面等效为无数的小光源，因此经物体表面反射的光由于干涉在空间形成了随机分布的点。人们将这些相干的亮点和暗点称为散斑。经物体散射在空间随机分布的散斑称为客观散斑，经过透镜成像的随机分布的散斑称为主观散斑。两种情况下的随机分布的散斑结构统称为散斑场。

光的散斑现象早在 1877 年就有报道，但直到世界上第一台激光器的诞生才得到重视。早期由于散斑作为一种噪声影响了全息图的质量，因此大量的研究工作局限于消除散斑效应。1968 年，Archbold 等首次提出可将散斑干涉技术应用在测量中。之后由 Leendertz 建立了散斑干涉技术的基本原理。散斑干涉技术是基于物体表面的散斑场随着物体运动或受力发生的变形而发生变化的事实，同时用两束相干光照明物体，并将物体变形前后拍摄的两幅散斑图照片加以对比从而得到表面位移的信息。散斑记录和干涉条纹的处理非常费时且操作过程复杂，因此简化干涉条纹的记录和分析成为散斑干涉计量技术应用推广的关键。

利用光电子器件代替了全息干版记录散斑场的光强信息，通过电子硬件处理的方法将变形后的散斑图与变形前的散斑图进行分析处理，并能在图像监视器上观察到散斑干涉条纹，大大方便了散斑记录和干涉条纹的处理，这就是电子散斑干涉技术。计算机技术出现使数字化的软件计算代替模拟量的硬件计算，这种散斑干涉技术称为数字散斑干涉技术。数字散斑干涉技术是将物体变形前后的散斑图量化为数字图像，由计算机进行数字化运算并在监视器上再现干涉条纹。数字散斑相对于电子散斑减少了噪声，因此干涉条纹的清晰度得到极大提高。数字图像阵列也随着技术的发展从最初的 512×512 个像素变为 1024×1024 个像素，大型的图像处理系统确保了数据处理的能力，这也为实际应用奠定了基础。目前可以说数字散斑干涉技术已替代了电子散斑干涉技术，但习惯上人们仍将数字散斑干涉技术称为电子散斑干涉技术。

根据测量的信息不同，电子散斑干涉可分为对离面位移敏感的干涉技术和对面内位移敏感的干涉技术。测量离面位移时，需将激光束经分束镜分成参考光和物光，如图 5.4.1 所示，两束光经过透镜在像平面相干叠加形成散斑场，对物体发生变形前后进行两次曝光得到两幅图像。这个过程可借助 CCD 完成。

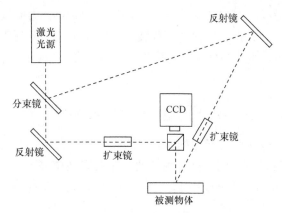

图 5.4.1　离面位移的电子散斑干涉测量

假设参考光的光场分布为

$$U_r(r) = u_r(r)\exp[j\varphi_r(r)] \tag{5.4.1}$$

其中 $u_r(r)$ 是参考光波的振幅，$\varphi_r(r)$ 是参考光波的相位。经物体反射后物光的光场分布为

$$U_o(r) = u_o(r)\exp[j\varphi_o(r)] \tag{5.4.2}$$

其中 $u_o(r)$ 是物光波的振幅，$\varphi_o(r)$ 是物光波的相位。物光与参考光在 CCD 靶面上干涉形成的光强分布为

$$I(r) = u_o^2 + u_r^2 + 2u_o u_r \cos(\varphi_o - \varphi_r) \tag{5.4.3}$$

当被测物体发生变形后，经物体表面反射获得的散斑场的振幅 $u_o(r)$ 基本不变，而相位 $\varphi_o(r)$ 变为 $\varphi_o(r) - \Delta\varphi(r)$，其中 $\Delta\varphi(r)$ 为由于物体变形产生的相位变化，此时变形后物体反射的物光光场变为

$$U_o' = u_o(r)\exp\{j[\varphi_o(r) - \Delta\varphi(r)]\} \tag{5.4.4}$$

由于变形前后的参考光波维持不变，于是变形后物光与参考光在 CCD 靶面上干涉形成的光强分布为

$$I'(r) = u_o^2 + u_r^2 + 2u_o u_r \cos[\varphi_o - \varphi_r - \Delta\varphi(r)] \tag{5.4.5}$$

对变形前后的两个光强进行相减处理，并经过简单的数学运算后得到处理后的光强为

$$I = |I'(r) - I(r)| = \left| 4u_{\mathrm{o}}u_{\mathrm{r}}\sin\left[\varphi_{\mathrm{o}} - \varphi_{\mathrm{r}} - \frac{\Delta\varphi(r)}{2} \right]\sin\frac{\Delta\varphi(r)}{2} \right| \qquad (5.4.6)$$

式中 $\sin[\varphi_{\mathrm{o}}(r) - \varphi_{\mathrm{r}}(r) - \Delta\varphi(r)/2]$ 为高频载波项，$\sin[\Delta\varphi(r)/2]$ 为低频条纹。显然，两幅图像相减处理后的光强为包含高频载波项的低频条纹，低频条纹取决于物体变形引起的光波相位改变。根据光波传播理论，相位变化 $\Delta\varphi(r)$ 与物体变形关系可表示为

$$\Delta\varphi = \frac{2\pi}{\lambda}\left[d_1(1 + \cos\theta) + d_2\sin\theta \right] \qquad (5.4.7)$$

其中 λ 为激光波长，θ 是照明光与物体表面法线之间的夹角，d_1 是物体变形的离面位移，d_2 是物体变形的面内位移。为了使光路对离面位移敏感，照明角 θ 应该取较小的值。当 $\theta = 0$ 时，即 $\cos\theta = 1$，$\sin\theta = 0$，由公式(5.4.7)可以得到

$$\Delta\varphi = \frac{4\pi}{\lambda}d_1 \qquad (5.4.8)$$

上式给出了离面位移的两幅图像相减后图样相位的依赖关系。如果相位的改变为 $\Delta\varphi(r) = 2k\pi$（k 为整数），位移前后散斑图相减形成暗条纹，暗条纹处的离面位移是半波长的整数倍。

测量面内位移时，激光束经分束镜分成两束光以相同的入射角对称照明到物体上，如图 5.4.2 所示，两束散射光在物体发生变形前后均经物镜成像在 CCD 的靶面上，测量两束光的相对位移便可获得物体的面内位移。

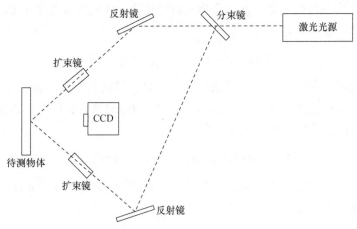

图 5.4.2　面内位移的电子散斑干涉测量

此时，被测物体发生变形前后，经物体表面反射获得的散斑场的振幅 $u_{\mathrm{o}}(r)$ 基本不变，而其中一束散斑场的相位 $\varphi_{\mathrm{o1}}(r)$ 将改变为 $\varphi_{\mathrm{o}}(r) - \Delta\varphi_1(r)$，相位的改变量可表示为

$$\Delta\varphi_1 = \frac{2\pi}{\lambda}(d_1\cos\theta + d_2\sin\theta) \qquad (5.4.9)$$

式中 d_1 是物体变形的离面位移，d_2 是物体变形的面内位移。另一束散斑场的相位 $\varphi_{o2}(r)$ 将变为 $\varphi_o(r) - \Delta\varphi_2(r)$，相位的改变量可表示为

$$\Delta\varphi_2 = \frac{2\pi}{\lambda}(d_1\cos\theta - d_2\sin\theta) \qquad (5.4.10)$$

变形后两散斑场在 CCD 靶面上干涉。物体变形前后干涉图样相减后的光强由于物体位移产生的相位差的改变为

$$\Delta\varphi = \frac{4\pi}{\lambda}d_2\sin\theta \qquad (5.4.11)$$

如果相位的改变为 $\Delta\varphi(r) = 2k\pi(k$ 为整数)，位移前后散斑图相减形成暗条纹。由此可根据暗条纹的位置确定面内位移分量 $d_2 = k\lambda/(2\sin\theta)$ 的轨迹。

5.4.3　电子散斑干涉的离面位移实验测量

1. 实验目的

(1) 了解干涉计量技术。
(2) 掌握电子散斑干涉术进行物体位移测量的工作原理。
(3) 灵活运用电子散斑干涉术进行离面位移实验测量。

2. 实验原理

电子散斑干涉术利用干涉原理测量物体的形变，具有实时、灵敏、全场测量等特点，在变形场测量、表面缺陷测量及工业无损检测方面具有广泛的应用。马赫-曾德尔干涉仪和迈克耳孙干涉仪是两种常见的分振幅干涉装置。基于马赫-曾德尔干涉的电子散斑干涉光路图如图 5.4.3 所示。激光器发出的激光经分光镜分为两路，一路作为参考光，另一路以较小的入射角照明待测物体，经物体反射后的散斑场经透镜成像后与参考光发生干涉。CCD 将探测到的干涉图像存储在计算机中。利用该装置对物体变形前后的干涉图样分别进行测量，从而提取物体的离面位置。

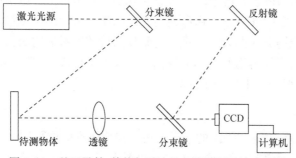

图 5.4.3　基于马赫-曾德尔干涉的电子散斑干涉光路图

　　被测物体发生变形后，参考光波维持不变，经物体表面反射获得的散斑场的振幅基本不变，而相位发生改变，干涉场的光场分布满足公式(5.4.5)。对变形前后的两幅光强图像相减处理后的光强包含高频载波项的低频条纹，低频条纹取决于物体变形引起的光波相位改变。当照明角比较小时，根据公式(5.4.8)可以得到，暗条纹处的离面位移是半波长的整数倍。

　　基于迈克耳孙干涉的电子散斑干涉光路图如图 5.4.4 所示，激光器发出的激光经分光镜分为两路，一路作为参考光经过待测物体 1 反射，另一路垂直照明待测物体 2，经待测物体 2 反射后的散斑场与参考光发生干涉，干涉图样经透镜成像后被 CCD 接收。基于迈克耳孙干涉的电子散斑干涉测量中，两个待测物体的漫反射光实际上分别给对方充当参考光。利用迈克耳孙干涉的电子散斑干涉光路也可测量物体的离面位移。相比于马赫-曾德尔干涉装置，基于迈克耳孙干涉的电子散斑干涉测量装置光路更加小巧紧凑。

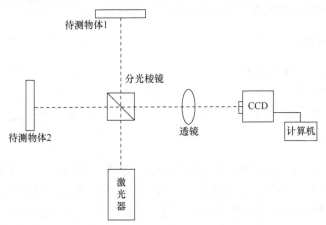

图 5.4.4　基于迈克耳孙干涉的电子散斑干涉光路图

　　3. 实验仪器

　　电子散斑干涉系统主要包括 He-Ne 激光器、扩束镜、准直镜、分光棱镜、平面反射镜、被测物体、聚焦透镜、CCD 摄像机等组成部分。电子散斑干涉测量光路如图 5.4.3 和图 5.4.4 所示。由激光器发出的激光束，经扩束镜及准直镜形成准直光，再经分光镜分成两束，一束照射到反射镜的参考散射面再返回，另一束照射到被测物体的表面再返回，两束返回的光束叠加形成散斑干涉场，经透镜成像后由 CCD 摄像机记录下散斑干涉图。

　　4. 实验内容

　　1) 基于马赫-曾德尔干涉的电子散斑干涉物体离面位移测量

　　根据图 5.4.3 搭建光路。调节激光器出射光束与台面平行且使其高度合适，其他各器件调整到与激光束等高。分光棱镜将激光束一分为二，反射光束经扩束镜组件扩束后，以一定入射角均匀照亮离面位移待测物体表面，通过成像镜头将待测物体的像清晰地成在 CCD 靶面上。透射光束通过反射镜和分光棱镜反射后与物光波汇合同时进入 CCD，在经过分光棱镜合束前要经扩束镜组件扩束。分光棱镜分光到分光棱镜合光之间的参考光光程与物光光程要保证近似相等。在计算机中安装好图像采集卡硬件及驱动软件，微调成像镜头和 CCD 的位置，保证能够清晰地看到待测物体的表面。

将参考光照到 CCD 靶面，比较物光与参考光的光强，适当调节衰减器使参考光与物光光强大致相等。微动丝杆将变形物中心轻微顶起，丝杆后退则可恢复原来平面。单击软件的"动态相减"功能按钮，轻轻旋转微动丝杆顶起测量表面一点，通过丝杆读数，观测相减后的条纹形状是否为同心圆，计算位移变化。将变形物换成刚性推板俯仰物，推动千分丝杆使推板微微前倾，产生离面位移。再次单击软件的"动态相减"功能按钮，轻轻转动微动丝杆观测条纹形状是否为平行的直条纹，计算俯仰板上各点的位移变化。

2) 基于迈克耳孙干涉的电子散斑干涉物体离面位移的测量

参照图 5.4.4 搭建光路，调节激光束与各器件同轴等高。调节激光器出射光束与台面平行且使其高度合适，其他各器件调整到与激光束等高。分光棱镜将激光束一分为二，两个变形物同时应用在光路中。两光束均匀照亮离面位移待测物体表面，通过成像镜头待测物体的像清晰地成在 CCD 靶面上。透射光束通过反射镜和分光棱镜反射后与物光波汇合同时进入 CCD，在经过分光棱镜合束前要经扩束镜组件扩束。打开计算机运行实时显示功能软件，微调成像镜头和 CCD 的位置，保证能够清晰地看到待测物体的表面。前后微调两个变形物，使二者均能清晰成像于 CCD 靶面上。按下"动态相减"功能钮，分别转动两个变形物的微动丝杆，可分别得到两个变形物的离面位移散斑干涉条纹图。通过丝杆读数计算两变形物的位移变化。

思考题

(1) 比较两种干涉光路中散斑干涉条纹对比度是否相同，并分析原因。

(2) 如何标定待测点的条纹数的起始位置？

(3) 分析实验中引起干涉条纹晃动的原因。

第 6 章　激光加工与工程实训

6.1　激 光 打 标

6.1.1　激光加工技术

　　激光加工技术是利用激光的高能量特征进行加工的过程。激光切割技术、激光焊接技术、激光雕刻技术和激光打标技术都是利用了激光的能量与材料的相互作用来完成的。在国家计划项目的支持下，我国已出现多家激光加工系统的专业生产企业。随着激光加工设备的可靠性和安全性的提高，激光加工也成为先进制造的重要支撑。激光加工的应用出现在汽车、电子元件和各种电器的制造以及航空航天、冶金和机械设计等诸多方面。

　　传统的激光加工系统由激光器、光学系统、加工机械、控制系统和检测系统等组成。早期的激光加工由于激光功率较低只能进行小尺度的打孔和微型焊接。随着大功率激光器和高重复频率的激光器的出现，激光加工可实现材料的高速切割、器件的焊接、材料的表面处理、试件的打孔、样品的打标等各种工艺。此外，激光加工技术还包含激光存储、激光清洗以及激光的热处理等技术，激光加工可实现各种信息的记录,减少加工器件的微粒污染并改变材料的机械与热传导性能。

　　材料在激光的作用下加热到融化或者到燃沸，借助蒸气把材料的融化物或者汽化物从切缝中吹掉，从而实现材料的切割。一般切割金属材料需要用脉冲激光，而切割非金属材料采用连续激光。激光焊接则是利用激光加热焊接工件表面，表面的热量不断向内部扩散使工件熔接。激光焊接具有速度快、深度大和变形小的优势，对难熔材料、高导热材料、异性材料、微型元件甚至在特殊条件下均可进行焊接。材料的表面处理通常是指激光热处理，利用高功率激光改变金属表面成分或表面的组织结构，进而提高材料的硬度和耐磨性、抗腐蚀性、抗氧化性等性能。

　　激光打标技术是将高能量密度的激光光束聚焦在材料表面上，使得材料表面发生物理和化学变化，聚焦后的极细的激光光束可将物体表面材料逐点去除形成凹坑，进而获得标记的方式。当激光光束在材料表面有规律地移动时，材料表面便形成了一个指定的图案。激光打标可以实现各种文字、符号和图案等的标记，字符大小可以从毫米到微米量级，因此可应用于微电子工业、生物工程以及产品的防伪中。

　　激光打标为非接触性加工过程，不产生机械挤压或机械应力，因此不会损坏被加工物品。由于聚焦后的激光尺寸小，且热影响区域小，激光打标可实现精细加工。激光打标能长时间连续加工，速度快且成本低廉，同时也实现计算机自动控制，因此激光打标是高功率激光加工中最常见的应用。激光打标的材料可以是金属、合金、氧化物、环氧树脂、塑料等任何材质，其应用也遍布电子元器件、五金制品、汽车配件、精密机械、电工电器、通信产品、珠宝首饰等行业。

6.1.2　激光打标技术

　　当今激光技术和计算机技术的发展为激光打标技术带来了前所未有的机遇和挑战，目前激光打标系统已成为综合激光技术和计算机技术的光、机、电一体化系统。在振镜式扫描激光打标系统中，硬件控制电路都是基于计算机 ISA 总线或者 PCI 总线而设计的。这种方式使得一台计算机控制的打标机的台数有限，而安装于计算机主板上的硬件给整个系统的稳定运行也带来影响。USB 的出现和发展使得激光打标硬件控制电路脱离计算机 ISA 总线或者 PCI 总线成为可能。USB 的传输速率可以胜任激光打标对数据传输速率的要求，而且一台计算机同时连接上百台设备，极大地提高了打标的效率。

　　按工作方式的不同，激光打标可分为掩膜式打标、阵列式打标和扫描式打标。掩膜式打标又称投影式打标。掩膜式打标系统由激光器、掩膜板和成像透镜组成。激光均匀地投射在掩膜板上再经雕空部分透射。掩膜板上的图形通过透镜成像到焦面处的工件上，在激光脉冲作用下，材料表面被迅速加热汽化或产生化学反应并发生颜色变化，便可形成清晰的标记。掩膜式打标一般采用 CO_2 激光器和 YAG 激光器，一次就能打出包括几种符号的完整标记，打标速度快，但灵活性差且能量利用率低，有时也使用几台小型激光器同时在被打标材料表面上烧蚀形成点阵。阵列式打标通常采用小功率激光器，打标速度高，但只能标记点阵字符，且分辨率低。扫描式打标系统由计算机、激光器和二维扫描机三部分组成。打标的信息输入计算机，计算机按照设计好的程序控制激光器和二维扫描机，使光学系统变换的高能量激光点在被加工表面上扫描运动形成标记。

　　通常打标系统扫描机有机械扫描和振镜扫描两种结构形式。机械扫描打标系统是通过机械的方法对反射镜进行二维坐标的平移，从而改变激光束到达工件的位置，它可以标刻出任意图形和文字。振镜扫描式打标系统主要由激光器、二维偏转镜、聚焦透镜、计算机等构成。激光束入射到两反射振镜上，计算机控制反射镜的反射角度。两个反射镜可分别沿两垂直方向扫描从而达到激光束的偏转，激光聚焦点在打标材料上按所需的要求运动进而在材料表面上标刻矢量图形和文字。这种方法采用计算机图形软件对图形的处理方式，具有作图效率高、图形精度高和无失真等特点，激光打标的质量和速度都得到有效保证。同时振镜式打标也可采用点阵式打标方式，标记更多的点阵信息。

用于打标的激光器主要有 Nd:YAG 激光器和 CO_2 激光器。Nd:YAG 激光器产生的激光能被金属和绝大多数塑料很好地吸收，而且其波长短、聚焦光斑小，因而最适合在金属等材料上进行高清晰度的标记。CO_2 激光器产生的激光波长长，木制品、玻璃、聚合物和多数透明材料对其有很好的吸收效果，因而特别适合在非金属表面上进行标记。Nd:YAG 激光器和 CO_2 激光器都对材料的热损伤大且热扩散比较严重，产生的热边效应会使标记变得模糊。准分子激光器输出的紫外光不加热物质，表面组织产生光化学效应使物质表层留下标记，标记边缘十分清晰。由于材料对紫外光的吸收大，激光对材料的作用只发生在材料的最表层，因此准分子激光器更适合于材料的标记。

为了有效提高激光印记的分辨率获得精细的打标图案，常采用激光倍频技术获得更短的激光波长实现激光打标。倍频晶体是实现激光倍频的重要元件，用于倍频效应的非线性光学晶体的基本条件是不具有中心对称性，对基频波和倍频波的透明度高，二阶非线性极化系数大，有相位匹配能力，光学均匀性好，损伤阈值高且物化性能稳定。常用的倍频晶体中磷酸二氢铵(ADP)、磷酸二氢钾(KDP)、磷酸二氘钾(DKDP)、砷酸二氘铯(DCDA)和砷酸二氢铯(CDA)等，它们适用于近紫外、可见光和近红外波段。铌酸锂(LN)、铌酸钡钠、铌酸钾和α型碘酸锂等晶体适用于可见光和中红外，而砷化镓、砷化铟、硫化锌、碲化镉、碲、硒等半导体晶体更适用于较宽的红外波段。为便于观察，倍频晶体常放在激光器谐振腔外。

6.1.3　激光打标实验

1. 实验目的

(1) 了解激光加工技术的研究现状。
(2) 熟悉激光与物质相互作用的工作方式。
(3) 灵活运用打标机完成试件的激光打标。

2. 实验原理

激光打标具有巨大的发展潜力和广阔的市场前景。振镜式激光打标系统由控制系统、配电系统、激光器系统、匀光系统和水冷系统组成，其中激光器系统是实现激光打标的关键。实验中常利用总体效率高、频率稳定性好、使用寿命长、操作简便、可全固化等优点的半导体泵浦固体激光器作为打标激光光源系统。半导体泵浦全固态激光器系统主要由半导体激光器、全反镜、声光调 Q 开关、半导体泵浦模块、可调光阑和输出镜组成，如图 6.1.1 所示。

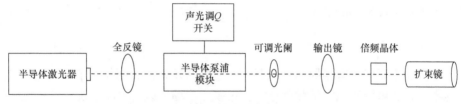

图 6.1.1　半导体泵浦全固态激光器系统组成

半导体激光器泵浦光源采用侧面泵浦的方式，改变半导体泵浦的注入电流可调节激光光束输出功率。半导体激光器泵浦光源发出的近红外光聚焦至激光工作物质 Nd:YAG 上。Nd:YAG 晶体能很好地将其吸收，从而形成大量的反转粒子数。当注入电流高于阈值电流时，半导体发射光谱的宽度急剧变窄，谱线中心波长的强度迅速增加而形成激光输出。利用温控装置改变温度将激光峰值波长移动到 808nm 处，使之与 Nd:YAG 吸收光谱相匹配。正是由于两者的光谱匹配较好，所以其总体效率能比闪光灯泵浦提高五到十倍。

为进一步实现高功率输出，在谐振腔中放入声光介质，利用声光调 Q 技术提高谐振腔的 Q 值，产生高能量的激光振荡。晶体在半导体激光器泵浦下发射自然光，光沿光轴通过晶体，经全反射镜反射后，再次通过调制晶体和偏振棱镜，此时调 Q 开关处于打开状态。超声波作用下的声光介质密度发生周期变化导致折射率周期变化，光束发生偏转，此时谐振腔处于关闭的低 Q 状态，阻断激光振荡形成，晶体的上能级粒子数迅速积累。当积累到最大饱和值时，突然撤掉超声波，谐振腔的 Q 值突增，激光振荡迅速建立并在极短的时间内上能级反转粒子数被消耗，形成单一脉冲形式将能量释放出来，获得峰值功率很高的巨脉冲激光输出。

扩束镜、振动镜、平场透镜等构成的匀光系统将激光束均匀、快速、完整地照射到某一较大的范围内。扩束镜的用途是压缩光束的发散角和增大光束直径，以减小聚焦光斑尺寸。相对于普通透镜聚焦形成的扇形面，平场透镜加以矫正能使在整个扫描范围内聚焦光斑均匀，在焦平面内光斑进行扫描时有足够大的视场。Nd:YAG 激光器输出的激光经过 KDP 倍频晶体后输出倍频信号，倍频信号可获得尺寸更小的聚焦光斑。聚焦的激光光束入射到机械振动式反射镜上，反射镜在计算机控制下可分别沿 X 轴和 Y 轴反射扫描，从而实现激光束的二维偏转。因此在扩束镜、振动镜和平场透镜构成的光学系统中，激光光束经扩束镜调节后传输到以一定频率振动的振镜上，经振镜反射的光束经平场透镜聚焦成均匀光斑，焦平面内的光斑在振镜控制下进行扫描进而实现激光达标。

激光打标的目的是利用激光的高峰值功率密度来实现激光与物质相互作用的。激光的峰值功率等于单位脉宽、单位频率下激光的平均输出功率，峰值功率密度即为峰值功率与光斑面积的比值。显然，激光光斑的面积越小，峰值功率越高，峰值功率密度越大，激光打标的速度才能有效地提高，因此峰值功率密度是衡量激光打标系统性能的重要指标。

3. 实验仪器与实验装置

本实验主要仪器有半导体激光器、声光调 Q 开关、半导体泵浦模块、全反镜、半透半反镜、可调光阑、倍频晶体、扩束镜、平场透镜、水冷系统、计算机、扫描振镜、激光电源、调 Q 电源、计算机专用软件和不同材质试件。准直激光经过扫描振镜打在试件上，标定光斑位置。在声光调 Q 开关控制下，由半导体泵浦模块产生激光脉冲，然后经过匀光系统后聚焦到扫描振镜上，最后经扫描振镜反射到试件上。利用计算机专业软件编辑图形，控制扫描振镜移动激光光斑实现打标，实验装置示意图如图 6.1.2 所示。

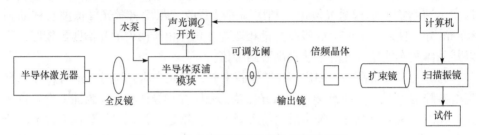

图 6.1.2　激光打标系统的实验装置示意图

4. 实验内容

1) 激光打标系统的开启与打标设置

开启激光打标系统总控开关，冷水机通过导水管分别对半导体泵浦模块、声光调 Q 开关进行冷却。开启打标系统的编程开关，启动计算机，双击计算机界面上专用软件。利用软件界面设置打标机激光振镜的扫描速度、脉冲频率、字体大小、填充线间距、激光频率等参数，根据不同材质改变打标痕迹的线宽、深度、均匀性和边缘平整度等获得良好的打标效果。开启振镜扫描开关和定位开关，打开准直光并通过旋钮调节准直光的输出功率。接通声光调 Q 开关，选择工作模式使激光器处于计算机控制状态，有效电平处于高电平状态，调节调 Q 开关的工作频率。打开半导体泵浦激光器的电源，按启动键后改变半导体泵浦的注入电流，调节并观察激光光束输出功率。

2) 激光打标图形的编辑与打标

正确启动激光打标系统，运行计算机专业软件。通过专用软件界面，编辑需标刻的图形。加工的图形图案包括汉字、一维条形码、二维条形码、图像和图片，利用计算机软件能对图片进行灰度转换、黑白图转换、网格处理、256 级灰度图片加工和多种矢量图形编辑。拖动改变图形和文字大小，预览和打标编辑的目标效果。根据试件的材质设定软件加工的数目、振镜扫描速度、工作电流大小、工作频率、Q 脉冲的宽度等加工参数。单击打标运行，完成目标图案的激光打标。

3) 激光输出打标光斑的性能分析

正确启动激光打标系统，通过计算机软件界面设定激光打标系统运行参数。利用调 Q 控制面板或计算机专业软件界面设定调 Q 的工作频率，改变注入电流，测量不同注入电流时的激光输出功率和激光输出脉宽，绘制多种重复频率下的激光输出功率随注入电流的变化曲线，绘制多种重复频率下的激光输出脉宽随注入电流的变化曲线，根据激光输出功率、激光输出脉宽和脉冲重复频率计算多种重复频率时不同注入电流状态下的激光的峰值功率，绘制多种重复频率下的激光峰值功率随注入电流的变化曲线。

4) 激光打标系统的关闭与系统维护

将半导体激光器的工作电流降为零，关闭半导体激光器工作开关，电压显示为零使其停止工作，关闭半导体泵浦激光器电源，关闭调 Q 电源，关闭定位开关，关闭扫描开关，关闭编程开关。当晶体温度降为室温后关闭总控开关，水冷机停止工作，激光打标系统关闭。盖好振镜的镜头盖，放掉水冷机中工作用水，擦拭工作台，完成激光打标实验。

思考题

(1) 分析激光打标中不同波长激光的作用。

(2) 讨论调节半导体泵源激光的工作温度对激光输出有何影响。

(3) 解释打标速度对打标图案产生影响的原因。

(4) 打标完成后为何不能直接关闭打标系统的总电源？

6.2 激 光 光 刻

6.2.1 激光光刻技术

激光与材料相互作用将产生显著的光化学和光物理变化。光刻技术就是利用光化学反应原理将图形刻印在介质表面的新型精细加工技术。常规光刻技术是采用紫外光作为图像信息载体，以光致抗蚀剂(又称光刻胶)为图像记录媒介实现图形的变换、转移和处理，最终把图像信息传递到介质层上。光刻技术在激光切割、激光打孔和激光雕刻等方面得到了广泛应用。

激光光刻的过程包括母版设计和制备、光致抗蚀材料的旋涂、曝光、显影、刻蚀和样品检测等环节。首先激光通过掩膜版照明直接接触或者通过投影系统后的光致抗蚀剂上，曝光后通过显影将微结构转移到光致抗蚀剂上。掩膜版的设计大致分为传统的缩微刻图制版、计算机辅助设计和图形发生器自动制版等类型。

基底上的感光材料的旋涂采用涂胶设备完成。光致抗蚀材料在光照下发生光化学反应，且曝光后的光致抗蚀材料能够与显影液进行化学反应，曝光时间受光强度的影响。显影是去除曝光过程中发生光化学反应的光致抗蚀剂，曝光的正光致抗蚀剂在显影时被溶解，而未曝光的负光致抗蚀剂在显影时被溶解。显影时间受温度影响，显影后的底片需要放置在蒸馏水中去除显影液进行定影。因此实际的光刻实验需要保证掩膜版的质量和涂胶的均匀度，控制光致抗蚀剂的厚度、曝光时间、激光强度和显影的时间与温度。

激光具有很强的能量输出，光刻技术中的光束均采用激光光束，因此光刻技术又称为激光光刻技术。曝光光源的波长是光刻工艺的关键参数，通常情况下光波长越短，曝光的特征尺度越小。激光光刻可大致分为激光投影式光刻和激光无掩膜光刻两大类。传统工艺下的激光投影式光刻是借助成像系统将光束聚焦到掩膜上进行曝光，制作工艺繁琐，图像的分辨率和图像的质量受到限制。激光投影式光刻通过采取高质量的激光器和独特的光刻胶，图像的分辨率和图像的质量得到进一步优化。激光无掩膜光刻则利用特定激光束直接制作微结构图形，不需要光掩膜，这种无掩膜式直写加工科技为光刻技术的多样化应用奠定了一定的基础。

激光无掩膜光刻技术分为激光近场扫描光刻、干涉光刻、非线性光刻等多种类型。激光近场扫描光刻是利用材料界面出现的特定倏逝光波制作微结构图形，该技术能克服衍射极限的限制，获得超高分辨的图形。激光干涉光刻是指利用相干光形成的驻波图形对光刻胶曝光，调整入射波长、入射角和驻波周期获得分辨率可调的光刻图形。激光非线性光刻则是利用光敏聚合材料非线性吸收完成光刻，它也能在一定程度上突破衍射极限的限制，但在此过程中非线性吸收受到聚焦光斑光强的影响。此外，材料吸收光能量产生热效应的基础上发展的激光热刻蚀也受到人们的关注。研究人员利用氢氟酸作显影剂，利用硫化锌和二氧化硅作为抗蚀剂，实现了硫化锌二氧化硅点状图形。

6.2.2　激光全息光刻技术

激光全息光刻技术是随着半导体器件的小型化发展需求而出现的一种新技术，主要包括无掩膜激光直写光刻和投影式光刻两种类型。激光全息光刻技术利用两束或者多束光干涉在介质上形成周期性变化的图案，因此它也属于干涉光刻。调整不同光束的传播方向和光束间的夹角便可对图案的周期进行调整。对基于双光束干涉的全息光刻，两光束分别以 θ_1 和 θ_2 的入射角照明记录介质，如图 6.2.1 所示，两光束可分别表示为

$$E_1 = A_1 \exp(jkx\sin\theta_1), \quad E_2 = A_2 \exp(jkx\sin\theta_2) \tag{6.2.1}$$

在记录介质上产生垂直于 x 轴的全息光栅，若 $A_1 = A_2$，则其光强分布为

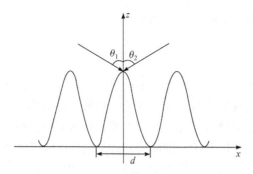

图 6.2.1　全息光栅的记录

$$I = 2I_0\left[1 + \cos\left(2\pi x \frac{\sin\theta_1 + \sin\theta_2}{\lambda}\right)\right] = 2I_0\left[1 + \cos\left(\frac{2\pi x}{d}\right)\right] \qquad (6.2.2)$$

式中 $d = \lambda/(\sin\theta_1 + \sin\theta_2)$，表示全息光栅的周期。当两束光的入射角相等时，可令 $\theta_1 = \theta_2 = \theta$，则 $d = \lambda/(2\sin\theta)$。

　　将全息光栅结构聚焦到光刻胶表面便可形成干涉图样。光刻胶上两束光交汇的小区域称为像素，相邻像素具有足够的间隙而互相独立。在两光束均为平面波时，干涉形成一维周期光栅，称微元光栅。光刻时由于光束在光刻胶上以串行方式逐点扫描，每一个像素对应的栅线方位角以及物光、参考光的夹角都可以不相同，因此光刻胶上形成栅线的方位角和删线的周期均为坐标的函数。

　　氦镉激光器和氦氖激光器是全息光刻中常见的两种光源。氦镉激光器输出的激光是波长为 442nm 的蓝光，输出稳定性好。氦氖激光器输出的激光是波长为 633nm 的红光，体积小重量轻。记录介质表面的光致抗蚀剂是一种聚合物材料，只对一定的激光波长感光。光致抗蚀剂有正光致抗蚀剂和负光致抗蚀剂两种类型。正光致抗蚀剂在曝光后，经显影去除被曝光的部分，留下掩膜版的图形。负光致抗蚀剂在曝光后，经显影去除未被曝光的部分，留下掩膜版的负图形。由上述方法曝光的光刻胶经过显影和定影就形成了点矩阵全息图。由于该过程像打印一样，因此点矩阵全息图记录系统又称全息打印机，点矩阵全息图又称光刻全息图。

6.2.3　点矩阵全息图的光刻实验

　1. 实验目的

　(1) 了解点矩阵全息图的工作原理。

　(2) 掌握全息光刻技术的工作流程。

(3) 灵活操控光刻机进行图样刻蚀。

2. 实验原理

点矩阵全息图由不同空间频率、不同取向的微元光栅组成。实验中利用计算机来控制光学系统的各项参数，光刻胶置于精密二维移动平台上，激光束在的光刻胶上以像素点为单位进行曝光，移动平移台便形成点矩阵全息图。光刻实验时首先利用通用的作图软件制作一幅图形，并将其按 8 位灰度或索引色方式生成以 bmp 为拓展名的电子文档，形成电子图像。电子图像中的每一个像素与点矩阵全息图的像素相对应，每一个像素具有 0～255 级之间的某一灰阶。在系统软件的控制下，光刻机通过步进电机驱动二维平移台进行扫描，在每一个指定的像素点上，用电子图像对应的灰阶值对光栅的方位角进行编码，于是 0～180° 对应于 0～255 灰阶值。改变方位角的值也就等效于改变了光栅的取向。空间频率是另一个可编码的参数，不同的空间频率也可与 0～255 灰阶值对应来进行编码。

显然，点矩阵全息图的记录过程就是根据电子图像的信息逐点对光刻板上的微元光栅的方位角或者空间频率进行编码的过程。若以一定的规律对形成全息图的微元光栅的取向进行编码，就能得到具有动感的点矩阵全息图。对于点矩阵全

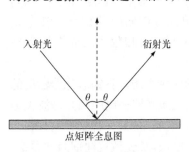

图 6.2.2　点矩阵全息图的读出

息图的读出过程，如图 6.2.2 所示，若用波长为 λ 且入射角为 θ 的光线照射点矩阵全息图，则只有满足布拉格衍射相干条件的反射光方可输出。假设微光栅的周期为 d，则衍射角满足

$$d \sin\theta = \lambda \qquad (6.2.3)$$

此时入射光和衍射光的夹角为 2θ，恰恰是记录时两光束交角的两倍。当入射光波波长偏离原记录波长时，衍射角也将偏离记录过程光束的夹角。若用宽带的白光照射，符合布拉格条件的入射光和衍射光仅分布在很小的角度范围内。对全息图上同一像素点，稍微变换入射光或观察面的角度，便可观察到全息图上衍射光束的颜色变化。

同样地，若在光刻胶上刻出一组圆环，不同圆环的灰阶不同，则不同圆环的像素具有不同的光栅方位角，且从内到外连续变化。随着入射光束的方位角的变大，全息图的圆形衍射花样从内到外圆半径连续变大或从外到内圆半径连续变小时形成动感图像。按照不同的方案还可以设计出具有不同效果的点矩阵全息图，且呈现生动和变幻莫测的效果。该技术由于具有适宜制造大面积和高分辨率等优点有着广泛的应用价值，尤其对集成光学器件的研发具有特别重要的意义。本实验是基于计算机全息制版系统通过图像控制信号来驱动整个系统的制图，因此具

有复杂图形的制作功能。

3. 实验仪器与实验装置

本实验主要仪器有蓝光激光器、马赫-曾德尔干涉系统、透镜、反射镜、光栅、衰减片、电控移动平台、计算机和光刻胶板。实验装置如图 6.2.3 所示，激光器输出的蓝光依次经过反射镜和光栅转头，形成的正负一级两束光线衍射后被透镜聚焦在位于二维平移台的光刻胶板上。由计算机向光刻软件输入图像驱动控制器实现光刻。

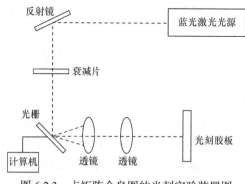

图 6.2.3　点矩阵全息图的光刻实验装置图

4. 实验内容

1) 点矩阵全息图光刻光路的搭建

打开激光器，将可调衰减片放入光路，削弱光强至最弱。激光器水平出光，加入反射镜，使光束偏转 90°，保持光束水平。在导轨上固定光栅转头，转动光栅使其方向与光束垂直。正对光栅转头的出光方向固定二维平移台，台面与光线垂直。将会聚镜头放在光栅转头和二维平台之间，挡住 0 级光斑，使透过光栅的正负一级光线会聚在二维平移台附近。切一块光刻胶板固定在二维平台上，使正负一级光束会聚在光刻胶板的前表面上，前后移动二维平台并调整镜头前后位置，观察会聚效果。

2) 点矩阵全息图的制作

将控制箱与计算机连接，将四台控制器与四维移动平台连接控制光栅转动。打开计算机和电控箱，运行点矩阵全息光刻软件，进入系统初始化界面，分别检验四个控制装置能否正常运转。利用计算机软件制作电子图像。试刻一张小图，一切正常后开始刻蚀大的图像。配出 1%浓度的氢氧化钠溶液适量，置于容器中作为显影液，然后再将一定量的蒸馏水倒在另一个容器中。将光刻后的点阵全息图放入显影液进行显影，显影时间约 5min。然后将显影后的点阵全息图放入蒸馏水中进行清洗，去除残余的显影液进行定影，完成点矩阵全息图的制作。

3) 点矩阵全息图的读出

将定影后的点矩阵全息图放入如图 6.2.2 所示的光路中,观察点矩阵全息图的输出效果。改变照明光的入射角,对比不同入射角的光照明下观察到的结果。改变入射波长,对比不同波长的光照明下观察到的结果。

思考题

(1) 分析激光光刻时必须注意的实验条件。

(2) 讨论普通全息图与点矩阵全息图的异同点。

(3) 点矩阵全息图的编码方式的不同是否影响读出结果?

6.3　视光学与眼镜配置

6.3.1　眼睛的光学特性

眼睛是光信息的接收器。人眼呈球状,由角膜、巩膜、前房、虹膜、瞳孔、晶状体、后房、玻璃体、视网膜、脉络膜、盲点和黄斑等构成。眼睛的角膜和巩膜十分坚韧,它们将眼球包裹起来,其中角膜是透明的。角膜后的前房充满透明液体。前房的后壁则为虹膜,虹膜中央的圆孔为瞳孔。瞳孔的直径随着外界光照自主地变化,调节范围在 2~8mm 之间。虹膜后是由多层薄膜构成的可等效为双凸透镜的晶状体,不同层的薄膜折射率不同,晶状体在相连的睫状肌作用下本能地改变。虹膜后的后房内也充满透明液体。晶状体后面为透明的玻璃体,玻璃体的内壁是由视神经末梢组成的视网膜,视网膜上存在一个没有感光细胞的盲斑,还有一个密集分布感光细胞的黄斑。视网膜外是一层黑色的脉络膜。眼睛的结构如图 6.3.1 所示。

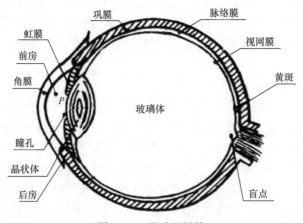

图 6.3.1　眼睛的结构

　　不难看出，人的眼睛就像是自动变焦和自动收缩光圈的照相机一样，瞳孔大小的改变可调节进入眼睛的光能，晶状体在睫状肌的作用下曲率变化可将不同距离处的物体成像在视网膜上。睫状肌肌肉收缩，晶状体曲率变大，人眼能看清近处的物体，最近的点称为近点；相反地，睫状肌肌肉放松，晶状体曲率变小，人眼能看清远处的物体，最远的点称为远点。定义近点和远点到眼睛物方主点的距离的倒数为近点和远点的会聚度或者屈光度。不难发现，对于正常眼睛，远点的会聚度为零，近点会聚度较大。随着年龄的增大，睫状肌肌肉收缩功能衰退，人眼的调节范围变小，近点变大，远点变小。

　　远点在眼睛有限远处时眼球偏长，像方焦点在视网膜前方，此时的非正常眼为近视眼，需要佩戴负光焦度眼镜进行校正。若眼球偏短，像方焦点在视网膜之后，此时的非正常眼为远视眼，需要佩戴正光焦度眼镜进行校正。光束进入人眼内，经过眼的角膜、房水、晶状体及玻璃体组成的系统成像在视网膜黄斑上，这种功能叫作眼的屈光，通常以屈光度表示对光的偏折性能。对于无限远处的物体，近视眼、正常眼和远视眼的屈光示意图如图 6.3.2 所示。

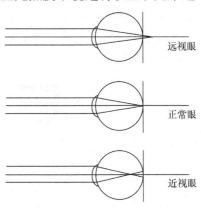

图 6.3.2　眼睛的屈光示意图

　　除了简单的眼球变化，造成上述非正常眼的原因还有很多，眼球的前房和后房中的液体的折射率、晶状体的折射率以及各折射面的曲率的不正常都会造成非正常眼。因此需要专门的仪器对这些因素及相关参数进行检测。

6.3.2　视力检测与屈光测量

　　目前视力问题大多数是由于屈光不正引起的，验光是屈光不正检查的主要内容，也是眼病诊断和治疗的基础。常规验光是找出单眼屈光焦点的过程，检查光线进入被检查眼球后的聚集情况，判断被检查的眼睛是正常眼、近视眼、远视眼以及被检查的眼球的散光情况，确定屈光不正的类型，预判矫正屈光不正后能达到最佳矫正视力。为了佩戴眼镜或屈光手术后能最大限度地发挥双眼单视功能、双眼融合功能以及双眼立体视觉功能，两眼中的主导眼、双眼眼位、眼的调节与辐辏以及调节与辐辏的关系等都是最终确定眼镜处方的重要因素。医学验光技术通过规范化和标准化验光为患者找到既能看得清楚又能使眼睛舒适的矫正镜片。

　　眼睛能分辨靠得近的两点的能力称为眼睛的分辨率，两点对眼睛物方节点的张角称为分辨角，又称视角。显然分辨率和视角呈反比关系。视网膜能辨认某一物体或区分两个点时，必须在眼内形成一定的视角。正常眼能辨别最小物体或区分最近的两个点的视角叫最小视角，大多数正常眼的最小视角为 1 分视角。实验证明正常人在 0.5～1 分视角下看清物体时，视网膜上的物像约等于 2～4μm，正好对应一个感光锥状细胞的直径。因此分辨两个点在视网膜上单独存在的主要条件是两个感光锥状细胞间至少要被一个不兴奋的锥状细胞所隔开。如果观察两点的像落在邻近感光锥状细胞时，这个像重合而不能被分辨。

　　测量视力是用视力表上的字形作为标准，每个字形的构造都是根据视角来计算的。各种视力表的标记都是 1 分视角的五倍，即 5 分视角作为面积而制成的。规定线条的宽度、缺口与大小都是一分视角。国际标准视力表及标准对数视力表上 "E" 形字的线条宽度和线条间距均做了相应的规定，如图 6.3.3 所示，视力表上 1.0 行的视标是根据 5m 距离与眼睛成 1 分视角设计的，每条边线与线条间距的宽度是 1 分角，故整个 E 字是 5 分视角。当然欧洲一些国家也有将 5m 的距离设定为 6m 来进行设计。

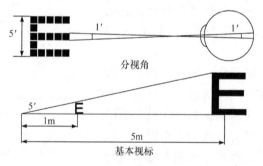

图 6.3.3　视力表的设计原理

　　验光仪又称为屈光组合镜，由一系列球镜片、柱镜片、棱镜片、辅助镜片及各种调整部件构成，其功能为各种验光检查提供所需镜片。验光仪结合视力表完成眼部及屈光度的检查，可以测量屈光不正并能检查眼外肌功能。普通镜片箱内的所有镜片都装入镜盘上，结合屈光学理论固定镜片组合利用步进电机带动镜盘进行旋转，可使验光科学准确且省时省力。验光速度、验光精确度及仪器易操控性成为验光仪的重要指标，验光仪也先后经历了从手动式到遥控式再到全自动交互模式的发展。

　　验光仪是屈光检查技术和电子计算机技术相结合的电子化客观验光设备。人眼角膜反射的光斑是很好的跟踪定位目标，定位跟踪角膜反射光斑可实现对人眼瞳孔的跟踪定位，红外中心点光斑用于辅助实现系统识别和跟踪定位，而红外环形光斑常用于辅助系统实现对焦。验光仪提供四种调焦方式：一种是基于间接眼底镜进行调焦，第二种是通过两个物镜或聚焦镜和一个分光器进行调焦，第三种是检测光标前后移动实现调焦，第四种是通过改变进入眼睛的光线聚散度使光标清晰地成像在视网膜上而自动计算眼睛的屈光度。验光仪中光源直接由瞳孔进入，检测光标可以沿着投影系统的轴向移动实现聚焦，位于前焦面的投影镜片的像出现在无穷远处，则在正视眼的视网膜上清晰聚焦。验光仪通过事先设定的标准便可客观地评估屈光参数。验光仪的检测光线为波长 800～900nm 的红外线，该红外光被眼内组织的吸收较少，因此很好地经眼底反射。人眼看不见检测视标和检测光线，因而较好地克服了调节中眼睛不适引起的干扰。

6.3.3　镜片的磨制与眼镜的装配实验

1. 实验目的

(1) 了解验光的原理和基本方法。
(2) 掌握眼镜片的光学参数测量方法。
(3) 熟练运用相关仪器完成眼镜片磨制和眼镜装配。

2. 实验原理

佩戴眼镜是矫正屈光不正的有效方法之一，佩戴眼镜后能使视力矫正到正常范围。了解光学眼镜的光学特性以及配置原理与方法，对用眼健康显得尤为重要。装配眼镜时需完成眼睛瞳距的测量、镜片的移心量测量、镜架加工中心的定位以及镜片的磨边处理等操作。

装配眼镜时首先需要对瞳距进行测量。瞳距是指当两眼视线呈正视或平行状态时的两眼瞳孔中心间的距离。在实际配镜中，瞳距分为远用瞳距和近用瞳距两种。远用瞳距是指患眼看远或常戴眼镜的瞳距，即指当两眼向无限远处平视时的两眼瞳孔中心间的距离。近用瞳距是指当眼睛注视近处目标，如眼前 30～40cm 阅读或近距离工作时，两眼处于集合状态下的瞳孔中心间的距离。瞳距可以用瞳距尺来测量。

镜片磨制前用自动查片仪或焦度计测量镜片光学参数，找出光学中心及轴位，打印并用记号笔标记光学中心和水平线，并标记上左右。以镜架几何中心为基准来决定镜片光学中心的位置，当镜片光学中心位于镜架几何中心外任何位置时称为移心。镜片光学中心以镜架几何中心为基准沿水平中心线向鼻侧或外侧移动光心的过程称为水平移心。镜片光学中心以镜架几何中心为基准沿垂直中心线向上或向下移动光心的过程称为垂直移心。如图 6.3.4 所示，$\overline{OO'}$ 为镜片光学中心间距，$\overline{MM'}$ 为镜架几何中心间距，$\overline{PD}$ 表示瞳距。

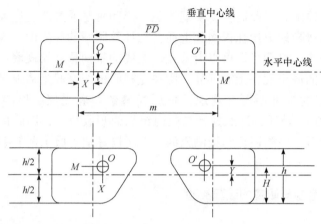

图 6.3.4　水平移心和垂直移心

水平移心量 X 等于镜架几何中心水平距与瞳距的差的一半，即 $X = (m - \overline{PD})/2$，其中 m 为镜架几何中心间距离，$\overline{PD}$ 为瞳距。垂直移心量等于镜片光学中心高度 H 与镜架垂直半高度 $h/2$ 之差，即 $Y = H - h/2$。如果确定了镜架的规格，根据以上关系可确定左右镜片光学中心移动的距离。采用中心定位仪确定镜片加工中心，在标准模板几何中心水平和垂直基准线上移动镜片光学中心至水平和垂直移心量处。确定了镜片加工中心后使用自动磨边机进行磨边。

3. 实验内容

1) 视力检测

根据所用视力表的规定调整视力表和被测者的距离，打开房间灯光，被测者手持遮眼板遮挡左眼，用右眼观察视力表，读出尽可能小的视标直至在一行中有半数的视标读错，该行的上一行就是该被测者右眼的视力。然后遮挡右眼，用左眼观察视力表，读出尽可能小的视标直至在一行中有半数的视标读错，该行的上一行就是该被测者左眼的视力。视力检查也可基于验光仪进行。初始化仪器参数，调整椅子的高度和仪器的高度，指导被检者正视前方注视验光仪内的光标，通过仪器的监视器来观察右眼的位置，并使用操纵杆前后调焦使图像清晰，上下左右移动操纵杆使角膜反光点光标位于瞳孔中心，按操纵杆上面的按钮，测量屈光度或角膜曲率，重复测量三次以上。重复上述步骤测量左眼的屈光度或曲率，测量结果作为验光的初始数据。

2) 瞳距的测量

远用瞳距测量时，验光员与患者相隔 40cm 的距离正面对坐，使眼睛的视线保持在同一高度上，手拿瞳距尺轻轻靠在患者的脸颊上，将瞳距尺放置鼻梁最低点处，并顺着鼻梁的角度倾斜。验光员闭上右眼，令患者注视左眼，用左眼将瞳距尺的"零位"对准患者的右眼瞳孔中心点。验光员睁开右眼,再闭上左眼,令患者注视右眼,并用右眼准确读取患者左眼瞳孔中心点上的数值。重复上述步骤确定瞳距。

3) 镜片加工中心的测定

打开电源开关,点亮照明灯,操作压杆将吸盘架转至左侧位置。将制模机做好的两片标准模板装入定中心仪的定位销中。将带有刻度线的标准模板朝上放置,确定左眼镜片的加工中心。将标准模板正面朝下放置,确定右眼镜片加工中心。将镜片凸面朝上放置在模板之上,并且使镜片的光学中心水平基准线与模板水平中心线相重合。根据配镜处方瞳距要求和镜架几何中心水平距,计算出左右镜片光学中心水平移心量。转动中线调节螺丝,使红色中线与水平移心后的位置重合。通过视窗进行观察,并移动镜片的光学中心,使镜片的光学中心与红色中线重合,沿红色中线垂直方向上下移动镜片的光学中心与垂直移心后的位置重合。镜片光学中心的位置即为加工中心位置。将吸盘红点朝里装入吸盘架上,操作压杆,将吸盘架连同吸盘转至镜片光心位置固定镜片。

4) 镜片的磨制

镜片由摆架带动向下与磨边砂轮接触进行磨削,镜片轴低速旋转,当磨削至模板与靠模砧接触后,镜片轴以一正一反的顺序依次进行磨削,减少空行程,提高磨边效率。镜片基本成形后镜片轴朝一个方向连续旋转进行精加工。精加工完成后,摆架自动抬起使镜片脱离砂轮,并自动移动到倒角 V 形槽成形砂轮上方,然后自动向下,使镜片进入倒角磨削。镜片轴以一个方向间歇旋转,当 V 形尖角边基本完成后,镜片轴连续向一个方向旋转进行倒角精加工,磨边全过程结束后摆架自动抬起,使镜片脱离砂轮的 V 形槽,并向右移动到原位,磨边机自动关机停转。

5) 眼镜的安装与调整

磨片抛光后进行镜片装配,金属全框眼镜架无需开槽,只需打开锁接管螺丝,以先右后左的顺序进行安装,位置调整好后拧紧螺丝。螺丝松紧要适度,过松镜片容易脱落,过紧有内应力产生,镜片容易损坏。根据配装眼镜要求,对眼镜进行调整,调整的顺序依据由前向后的原则,使其镜面角度、前倾角、鼻拖、脚套等都达到标准的要求。

思考题

(1) 如何根据被检者与视力表的标准距离确定被测者的视力?

(2) 验光仪中采用的检测光线的波长为何采用红外光?

(3) 如何理解老年人既需要配置近视镜又需要配置远视镜的现象?

6.4　液晶电光效应与液晶盒的制备

6.4.1　液晶及其电光效应

　　液晶是一种介于液体和晶体之间的中间态。早在19世纪，人们便从神经纤维提取物中发现了液晶，并随后在实验上借助偏光显微镜观察到了液晶。实验中观察到的液晶分子形状呈棒状，宽约十分之几纳米，长约数纳米，液晶分子的长度约为宽度的4～8倍。除了特殊物质中提取的液晶，人们也可采用不同的方法产生液晶。根据产生条件和形成方法的不同，液晶可分为热致液晶和溶致液晶。热致液晶是指由单一化合物或由少数化合物的均匀混合物形成的液晶，它通常在一定温度范围内才显现液晶态，较低温度时热致液晶变为正常结晶的物质。溶致液晶则是包含溶剂化合物的两种或多种化合物形成的液晶。液晶的溶剂主要是水或其他极性分子液剂，只有在溶液中溶质分子浓度处于一定范围内时化合物才出现液晶相。这样的特殊状态主要是由溶质与溶剂分子之间的相互作用引起的。

　　热致液晶受控于温度条件，而溶致液晶则受控于浓度条件。通常热致液晶包含近晶型液晶、向列型液晶和胆甾型液晶三大类。近晶型液晶中液晶分子分层排列，每一层内的液晶分子长轴相互平行且垂直或倾斜于各层面，如图6.4.1(a)所示。向列型液晶中液晶分子不分层排列，但各液晶分子的长轴方向大致相同，如图6.4.1(b)所示。胆甾型液晶的液晶分子是分层排列的，且每一层内的液晶分子长轴方向取向相同且平行于分层面，但相邻的两层中液晶分子长轴的方向逐渐转过一个角度，如图6.4.1(c)所示。总体来看，胆甾型液晶的液晶分子长轴方向呈现一种螺旋结构。

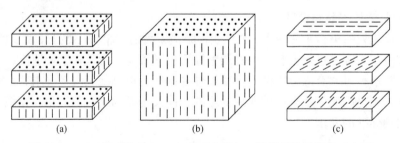

图6.4.1　(a)近晶型液晶、(b)向列型液晶和(c)胆甾型液晶结构示意图

　　通常情况下液晶分子的取向是任意的，表面处理后的液晶会改变液晶分子的取向。例如，铺展在玻璃基上的薄聚酰亚胺涂层用布沿一个方向摩擦，液晶涂到聚合物薄层上时液晶分子会沿摩擦方向排列。此外，液晶分子的取向还受到电磁场的影响。不加外场时，液晶分子会沿任意方向取向，但对液晶施加电场时，液

晶分子取向发生改变。随着电场的不断增强，液晶分子的长轴逐渐向电场方向取向。这是因为液晶分子的电子性质导致液晶具有沿着外加场取向的能力。液晶分子等效于永久电偶极子，分子一端有净余的正电荷，另一端有净余的负电荷，因此在外电场作用下偶极分子会趋向于沿电场方向取向。即使单个分子没有永久电偶极子，在某些情况下，外电场会使分子中的带电质子激发，此时分子也会沿着外加电场方向取向。

此外，磁场对液晶分子的影响与电场类似。围绕原子运动的电子产生永久磁偶极子。在外磁场作用下，液晶分子会趋向于顺着磁场的方向排列或沿反方向排列。液晶分子结构随外加磁场的变化引起光学特性的变化，这一效应通常称为液晶的磁光效应，而液晶分子结构随外电场的变化引起光学特性变化的效应称为液晶的电光效应。液晶的电光效应是指它的干涉、散射、衍射、旋光、吸收等受电场调制的光学现象。在电场作用下，液晶对光场的调制能够实现信息的显示，这种显示技术目前已经广泛用于平板显示领域中。

利用液晶制作的显示器又称作液晶显示器。1971 年瑞士一家公司制造了第一台液晶显示器。随着液晶显示技术的发展，液晶显示器目前有动态散射型、扭曲向列型、超扭曲向列型、有源矩阵型和电控双折射型等多种类型。向列型液晶是液晶显示器件的主要材料，有源矩阵液晶显示主要用于液晶电视和笔记本电脑等高档产品中。超扭曲向列型液晶主要用于手机屏幕等中档产品，扭曲向列型液晶主要用于电子表、计算器、仪器仪表、家用电器等中低档产品，是目前应用最普遍的液晶显示器件。扭曲向列型液晶显示器件的显示原理较简单，它也是有源矩阵液晶和超扭曲向列型液晶等显示方式的基础。

扭曲向列型液晶是指两基片之间液晶分子取向不断扭曲，扭曲角等于两基片之间的取向夹角，因此基片的间距和扭曲角均可根据需要进行设计。扭曲向列型的液晶会使入射线偏振光的偏振方向顺着分子的扭曲方向旋转，类似于物质的旋光效应。液晶分子的取向转过一周对应的液晶厚度称为向列相液晶的扭曲螺距，通常可见光波长远小于向列型液晶的扭曲螺距。无外电场作用时，若垂直入射的线偏振光的偏振方向与液晶上基片表面分子取向相同，则线偏振光将随液晶分子轴方向逐渐旋转，最后平行于液晶下基片表面分子轴方向的偏振光射出。若入射线偏振光的偏振方向垂直于上表面分子轴方向，出射时线偏振光方向亦垂直于下表面液晶分子轴。其他线偏振光方向入射的光则根据平行分量和垂直分量的相位差，以椭圆偏振、圆偏振或线偏振等某种偏振光形式射出。图 6.4.2(a)给出了扭曲向列型液晶的旋光效应示意图。

加上外场后，液晶分子长轴开始沿电场方向倾斜，除附着在液晶上下基片表面的液晶分子外，所有液晶分子长轴都按电场方向进行重新排列，扭曲向列型液晶的旋光性完全消失。图 6.4.2(b)给出了扭曲向列型液晶的电光效应的工作原理

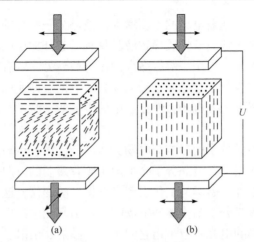

图 6.4.2　(a)无电场作用和(b)有电场作用下扭曲向列型液晶中的偏振光传输示意图

示意图。此外，液晶作为介于液体和晶体之间的中间态，由于液晶分子是各向异性的，除了上述电光效应外，液晶既有晶体的热、光、电、磁等物理性质，又有液体的流动性、黏度、形变等机械性质。

6.4.2　扭曲向列型液晶盒的制备实验

1. 实验目的

(1) 了解液晶盒的制备过程。
(2) 熟悉液晶盒的制备工艺流程。
(3) 能灵活操控仪器设备进行扭曲向列型液晶盒的制作。

2. 实验原理

一个完整的液晶盒是由两个玻璃基片和液晶构成。液晶盒玻璃基片的内表面有一层直接与液晶接触的特殊薄层，这一薄层使液晶分子按一定的方向和角度排列，因此被称为取向层。取向层直接影响液晶盒的显示性能的优劣。液晶盒取向层的取向处理有摩擦法和斜蒸 SiO_2 方法。摩擦法是沿一定的方向摩擦玻璃基片或是摩擦涂覆在玻璃基片表面的无机物或有机物覆盖膜，摩擦后的取向层可使液晶分子沿摩擦形成的导向槽方向排列从而获得较好的取向效果。

直接摩擦玻璃基片时，玻璃基片不均匀的空间分布必然会引起入射光的散射。因此取向层常借助涂覆在玻璃表面的有机高分子薄膜完成。有机高分子薄膜经过绒布类材料的高速摩擦形成取向层。在不同的有机高分子薄膜材料中，聚酰亚胺树脂具有优良的机械性能、良好的分子取向、强度高、耐腐蚀以及致密性好等优点，因此聚酰亚胺树脂是目前液晶显示器制造业中应用广泛的取向材料。聚酰亚胺树脂通过二酐与二胺在低温下聚合反应合成，用浸泡、旋涂或印刷的方法将聚酰亚胺溶液涂覆在玻璃表面，经高温固化后制得玻璃基底上的聚酰亚胺薄膜。

虽然涂覆在玻璃表面的聚酰亚胺膜经摩擦取向处理下可诱导液晶分子的取向，但为了实现液晶分子取向的电场控制，在实际中往往需要将聚酰亚胺稀旋涂在导电玻璃上。因此首先在抛光的玻璃基板的内表面上用磁控溅射法镀一层氧化铟锡(ITO)或氧化铟(In_2O_3)作为透明电极，然后将聚酰亚胺稀旋涂在导电玻璃上，再经过 250℃下烘烤 2h 固化后制得聚酰亚胺膜，最后用粘贴长纤维布高速旋转的金属辊匀速地通过聚酰亚胺膜进行定向摩擦。不同的聚酰亚胺取向剂，由于自身材料和浓度不同，其摩擦的强度不同。摩擦强度 S 与摩擦辊以及基片距离等相关参数的关系如下：

$$S = NL\left(\frac{\omega r}{v} - 1\right) \tag{6.4.1}$$

式中 N 为摩擦的次数，L 为压距即摩擦辊上的绒毛与基片接触部分的厚度，ω 为辊的角速度，r 为辊的半径，v 为基片移动的速度。

在两块导电玻璃基板间填充向列相或胆甾相或近晶相的液晶材料，这就要求两玻璃基板间有间隙。为了保证两玻璃基板间具有均匀的间隙，常在基板表面均匀地散布玻璃纤维或玻璃微粒，这些纤维或微粒被称为间隔子。同时为了防止潮气和氧气与液晶发生作用，玻璃板四周应进行气密封装。密封材料可以采用类似环氧树脂的有机材料，也可用低熔点的如玻璃粉的无机密封材料。

液晶分子在一个很小区域内指向矢朝某一方向，另一小区域液晶指向矢朝着另一方向，形成所谓的畴。在偏光显微镜下，这些畴光轴方向的不同使偏振光干涉的颜色不同，看起来就是花纹或图案。这些花纹或图案称之为织构，不同类型的液晶织构是不一样的。向列型液晶在正交偏光镜下的织构呈现许多丝状条纹，这些丝或直或曲，或者像一团乱线。呈现丝状的原因在于向列相分子具有长程取向有序，局部区域的分子趋于沿同一方向排列，而两个不同排列取向区的交界处在偏光显微镜下显示为丝状条纹。

3. 实验仪器

本实验主要仪器有旋涂机、温控箱、摩擦机、封装胶、点胶机、固胶机、偏振片、透射式偏光显微镜、信号发生器、万用表、导电玻璃。

4. 实验内容

1) 导电玻璃基片取向膜的制备

将导电玻璃基片放入中性洗涤剂中用超声波进行清洗，使玻璃表面黏附的杂质松动而脱落，然后置于饱和碱性溶液中清洗灰尘和油脂，最后用高纯去离子水清洗基片上溶于水的杂质和灰尘以及残留在玻璃基片上的碱液。水洗后的玻璃基片利用强风吹去玻璃表面的水后经烘箱干燥处理。用滴定管取少许取向剂放置到取向剂盛装瓶中，利用真空吸笔吸住玻璃基片的不导电一侧，将玻璃基片的导电面朝下置于取向剂中。将沾上取向剂的玻璃基片导电面朝上放置于液晶基片旋涂机旋转台中央，并用固定装置将基片固定。盖上旋涂机盖，打开旋涂机电源开关，调节旋涂机的工作时间和转数，进行取向膜的旋涂。将涂有取向膜的玻璃基片置于洁净的干燥箱加热进行固化。

2) 摩擦取向法制备取向层

打开空气压缩机开关，让空压机开始打气加压。检查液晶配向摩擦机的各个功能开关，滑台开关置于前，转速调节旋钮顺时针旋转到底。通过升降柄调整摩擦筒与待摩擦基片之间的压距。将小面积孔板置于滑台上，孔板上一条刻度线对齐滑台边缘，将滑台移动到摩擦筒正下方。然后逆时针缓慢旋转升降柄，同时观察摩擦筒与孔板之间的距离。当摩擦筒上绒布刚好与孔板接触时停止转动升降柄。转动升降柄下外部的刻度盘，使刻度盘上的初始位置与升降柄的刻度线对齐。保持刻度盘位置不变，顺时针转动升降柄一周，升高摩擦筒 1mm，留出玻璃基片的高度。最后再逆时针转动 0.2mm 即为压距，也可根据实验要求调整压距。将滑台移动到前。打开气路和电路开关，用玻片夹将玻璃基片取向膜朝上放置在孔板正中央遮住孔板上的小孔。打开负压开关，让负压吸住孔板和玻璃基片。打开摩擦筒开关，调节转速旋钮使摩擦筒的转速在 2000～2500r/min。然后将滑台开关从前扳到后，完成取向膜的摩擦取向。重复上述过程制作两取向层的模拟基片。

3) 液晶盒的制作和封装

将导电玻璃基片取向面朝上平放于台式液晶盒光固机操作台上，用毛细玻璃管吸囊蘸取极少量间隔子，然后在基片上方轻轻抖动毛细玻璃管，让间隔子尽量均匀散落在基片表面。若基片表面有明显的间隔子集中现象，可用毛细管吸囊轻轻地吹散集中的间隔子，直到肉眼在基片表面看不到聚集的白色颗粒为止。将另一片摩擦好的玻璃基片取向面朝向洒好间隔子。将两片洒好间隔子的基片相对放置，通过操作台上的定位装置确定两基片位置，用定位装置上的压片压住两基片。打开半自动点胶机开关，将点胶状态调节到手动模式，调节气压表压力。取出点胶筒，踩动脚动开关，在玻璃基片的两相对边缘位置处点上适量的光固胶，打开光固机电源，设置紫光灯曝光时间，点亮紫光灯对光固胶固化。将液晶盒开口两端的其中一端垫起约 1～2mm，然后用毛细玻璃管蘸取适量的液晶滴在较低端，让液晶自然充满整个液晶盒。最后用光固胶封严两个端口，放在紫外曝光台上曝光，固化封装后完成液晶盒的制作。

4) 液晶分子取向及织构观察

调节偏光显微镜载物台的中心使之与光轴同轴,调整起偏器与检偏器使其正交,偏光显微镜正交调节后视场为黑场。将灌有液晶的液晶盒轻放到载物台上,由于液晶具有光导作用视场变亮,调节好光圈,观察所制作的液晶样品的织构。调节显微镜的焦距,观察液晶内部的间隔子、摩擦沟槽痕迹的结构,检查是否存在灰尘、划痕、气泡等缺陷。由于不同方向的偏振光通过液晶的透过率不同,转动载物台可观察到视场的明暗变化,观察此时视场颜色随液晶分子排列的变化情况。给液晶盒两极加上驱动电压,观察随着驱动电压的变化视场颜色的变化情况。

6.4.3 扭曲向列型液晶光开关的电光特性测量

1. 实验目的

(1) 了解液晶电光效应的响应特征。

(2) 理解液晶显示的视角与对比度的依赖关系。

(3) 掌握扭曲向列型液晶光开关的工作原理。

2. 实验原理

扭曲向列型液晶光开关的结构如图 6.4.3 所示。在两块玻璃板之间夹有正性向列相液晶。玻璃板的内表面涂有透明电极,电极的表面预先作了定向处理,液晶分子在透明电极表面就会躺倒在摩擦所形成的微沟槽里,电极表面的液晶

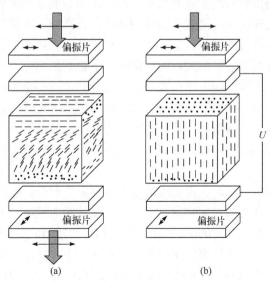

图 6.4.3 扭曲向列型液晶光开关的工作原理

分子按导向槽定向排列，且上下电极处液晶分子的定向方向相互垂直。由于上下电极上液晶的定向方向相互垂直，在范德瓦尔斯力的作用下，中间液晶分子的排列从上电极到下电极均匀地扭曲了90°。理论和实验都证明，上述均匀扭曲排列起来的结构具有光波导的性质，即偏振光从上电极表面透过扭曲排列起来的液晶传播到下电极表面时，偏振方向会旋转90°。

取两张偏振片贴在玻璃的两面，其中一个偏振片的透光轴与上电极的定向方向相同，另一个偏振片的透光轴与下电极的定向方向相同，于是两偏振片的透光轴相互正交。在未加驱动电压的情况下，来自光源的自然光经过第一个偏振片后只剩下平行于透光轴的线偏振光，该线偏振光到达输出面时其偏振面旋转了90°。这时光的偏振面与第二个偏振片的透光轴平行，因而有光通过，此时液晶盒为通光状态。图6.4.3(a)给出了无外场作用下扭曲向列型液晶光开关处于开启状态时的工作原理示意图。

对液晶盒施加足够电压，在静电场的作用下，除了基片附近的液晶分子被基片导向槽取向外，其他液晶分子趋于平行电场方向排列。于是原来的扭曲结构被破坏，液晶变为均匀结构。从第一个偏振片透射出来的偏振光的偏振方向在液晶中传播时不再旋转，保持原来的偏振方向到达下电极。这时光的偏振方向与第二个偏振片正交，因而光被关断。此时液晶盒为遮光状态。图6.4.3(b)给出了有外场作用下扭曲向列型液晶光开关处于关断状态时的工作原理示意图。

由于上述扭曲向列型液晶光开关在没有电场的情况下让光透过，加上电场的时候光被关断，因此它表示常通型或常白模式的光开关。若上述两个偏振片的透光轴相互平行，则扭曲向列型液晶光开关构成常关型或常黑模式的光开关。对于常白模式的液晶光开关，其透射率随外加电压的升高而逐渐降低，在一定电压下达到最低点，此后将进入饱和状态。反之，对于常黑模式的液晶光开关，其透射率随外加电压的升高而逐渐增大，在一定电压下达到最高点，此后将进入饱和状态。通常用阈值电压和关断电压来表示液晶光开关的这一电光特性。阈值电压是指光开关透过率为90%时的驱动电压，关断电压则是指光开关透过率为10%时的驱动电压。饱和电压与阈值电压的比值定义为陡度。液晶光开关的电光特性曲线越陡，阈值电压与关断电压的差值越小，液晶开关单元构成的显示器件允许的驱动线路数就越多。

加上或去掉驱动电压时，由于液晶分子排列发生改变，这种改变需要一定时间，这就是液晶光开关的时间响应。液晶对电场的响应速度是液晶产品的一个十分重要的参数。液晶光开关的时间响应常采用上升时间和下降时间来描述。上升时间是指液晶光开关的透过率由10%升到90%所需的时间，下降时间则是指液晶光开关的透过率由90%降到10%所需的时间。因此一定要在液晶稳定后测量其响应时间，才能得到较准确的结果。液晶的响应时间越短，显示动态图像的效果越好，这是液晶显示器的重要指标。当然，液晶分子的响应时间还受到温度的影响，在不同的温度下液晶分子的响应速度也不同。温度低时响应速度慢，随着温度升高响应速度会加快。

图 6.4.4 给出了常黑型液晶光开关的阈值电压和响应时间的示意图，图中 U-t 曲线表示激励电压信号，I-t 曲线表示透射光强的变化。在 t_0 至 t_1 期间，虽然外电压的激励信号已经加上，但液晶光开关透射场的亮度上升很小，仅达到最大亮度的 10%，$t_1 - t_0$ 称为亮延迟时间。t_1 至 t_2 期间，亮度很快上升，t_2 时刻上升到最大亮度的 90%，$t_2 - t_1$ 称为上升时间。t_3 时刻撤掉外电压，但液晶光开光透射场并非立即消失而是亮度下降很小，最大亮度下降到最大亮度的 90% 对应于 t_4 时刻，此时 $t_4 - t_3$ 称为暗延迟时间。t_4 至 t_5 期间，亮度很快下降，t_5 时刻达到最大亮态的 10%，$t_5 - t_4$ 称下降时间。根据 ISO 定义的液晶响应时间为上升时间和下降时间之和，即 $T = (t_2 - t_1) + (t_5 - t_4)$，而将亮延迟时间与上升时间之和即 $t_2 - t_0$ 称为开启时间，把暗延迟时间与下降时间之和即 $t_5 - t_3$ 称为关断时间。

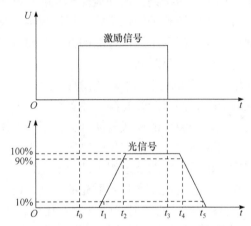

图 6.4.4　激励信号与透射强度的时序关系以及阈值电压和响应时间的表示

用于图像或字符显示时，液晶光开关打开和关断时透射光强度之比即对比度大于 5 以上可获得满意的图像，如果液晶光开关打开和关断时对比度小于 2，图像就模糊不清了。此外，液晶光开关的透过率与视角有关。这里的视角是指入射光线方向与液晶屏法线方向的夹角。液晶光开关打开和关断时透射光强度之比也与视角有关。

3. 实验仪器

本实验的实验仪器包括激光光源、起偏器、检偏器、光电探测器、扭曲向列型液晶盒、液晶盒测量夹具、功率计，电压调控装置、数字示波器、电压调控装置。

4. 实验内容

1) 扭曲向列型液晶光开关的电光特性

调节激光光源、液晶盒以及接收器的高度使它们同轴。点亮光源进行预热，利用电压调控装置给液晶盒加电压。将电压调控装置的模式转换开关置于静态模式，液晶单元处于加电压状态，供电电压显示屏显示所加电压。通过液晶盒后的光场垂直入射到功率计上，测量透过液晶盒的光强。调节电压按键，从零开始不断增加液晶单元的外电压，记录相应电压下的透过率。记录阈值电压、关断电压和饱和电压，计算陡度和对比度。重复测量两到三次取透过率的平均值，绘制扭曲向列型液晶开关的光电特性曲线。

2) 扭曲向列型液晶光开关的时间响应

激光光源、液晶盒以及功率计同轴放置，利用电压调控装置给液晶盒加电压。将电压调控装置的模式转换开关置于静态模式，点亮光源使通过液晶盒后的光场垂直入射到功率计上。调节电压按键，增加液晶单元的外电压，使液晶处于通光状态。将电压调控装置的模式调整为闪烁模式，利用数字示波器记录电压开关状态下液晶盒的开关时间响应，根据示波器存储的开关时间响应曲线，测量扭曲向列型液晶光开关的上升时间和下降时间。

3) 扭曲向列型液晶光开关的对比度随视角的变化

将液晶盒放置在转盘上，调节激光光源、放置在转盘上的液晶盒以及功率计高度使它们同轴。将电压调控装置的模式转换开关置于静态模式，打开光源使通过液晶盒后的光垂直入射到功率计上。在供电电压设置为零时，转动转盘，改变液晶盒和入射光的角度，记录角度调节过程中的透射光强。调节电压按键给液晶盒加外电压时，转动转盘，改变液晶盒和入射光的角度，记录角度调节过程中的透射光强。根据两种状态下测得的透射光强计算对比度，绘制测量扭曲向列型液晶光开关的水平对比度随照明光入射角的变化曲线。关上电源开关，取下液晶盒，旋转 90° 后安装好重复上述操作，测量扭曲向列型液晶光开关的垂直方向的视角特性。

思考题

(1) 如何实现白底黑字和黑底白字设置的液晶盒？

(2) 施加电压的过程中液晶会出现片状的斑点，说明导致这种现象出现的可能原因。

(3) 每次使用光固胶时为什么要关闭紫光灯，并在使用完成后密封且进行避光放置？

(4) 液晶配向摩擦机中如何确定导向模的方向？

参 考 文 献

安毓英, 刘继芳, 李庆辉, 等. 2002. 光电子技术. 北京: 电子工业出版社.

陈钰清, 王静环. 1992. 激光原理. 杭州: 浙江大学出版社.

褚君浩, 杨平雄. 2020. 光电转换导论. 北京: 科学出版社.

顾畹仪. 2011. 光纤通信. 2 版. 北京: 人民邮电出版社.

李福利. 2006. 高等激光物理学. 2 版. 北京: 高等教育出版社.

李佳泽, 阎吉祥. 1998. 光电子学基础. 北京: 北京理工大学出版社.

梁铨廷, 刘翠红. 2015. 物理光学简明教程. 2 版. 北京: 电子工业出版社.

刘国栋, 赵辉, 浦昭邦. 2018. 光电测试技术. 3 版. 北京: 机械工业出版社.

邱建荣. 2018. 飞秒激光加工技术——基础与应用. 北京: 科学出版社.

石顺祥, 陈国夫, 赵卫, 等. 2012. 非线性光学. 西安: 西安电子科技大学出版社.

苏显渝, 李继陶. 1999. 信息光学. 北京: 科学出版社.

王清正, 胡渝, 林崇杰. 1989. 光电探测技术. 北京: 电子工业出版社.

朱京平. 2009. 光电子技术基础. 2 版. 北京: 科学出版社.